A CENT LIEUES DE PARIS,

PAR M. A. G. DE MÉRICLET.

TOME SECOND.

PARIS.

FURNE, LIBRAIRE,
Quai des Augustins, 39.

EUGÈNE RENDUEL,
Rue des Grands-Augustins, 22.

1836.

A CENT LIEUES DE PARIS.

IMPRIMERIE DE SMITH, RUE MONTMORENCY, 16.

A CENT LIEUES DE PARIS,

RÊVERIES, NOUVELLES ET VOYAGES,

Par M. A. G. De Mériclet,

AUTEUR DE PIERRE.

TOME SECOND.

Paris.

FURNE,
Quai des Augustins,
39.

EUGÈNE RENDUEL,
Rue des Grands-Augustins,
22.

1836.

ARTHUR,

OU

l'Impression Fatale.

I.

Une Echéance.

Une bonne amitié vaut de l'or.
(L'Ami de Paris.)

Toute ma vie j'ai désiré une grande fortune, j'ai cela de commun avec beaucoup d'honnêtes gens; je n'ai jamais voulu rien faire pour l'acquérir, et en cela je connais beaucoup d'honnêtes gens qui me ressemblent. Le char de la fortune fut pour moi celui de Phaéton, mes mains inhabiles, paresseuses, laissèrent échapper les rênes, et de chute en chute j'arrivai au point que je n'eus plus rien à regarder au-dessous de moi. C'est dommage, je m'entendais très-bien à donner de belles fêtes, à dépenser noblement l'argent, ne lui accordant que son importance réelle, c'est-à-dire l'estimant toujours moins que le plaisir. J'avais tant d'amour pour les jolies femmes! nobles dames ou grisettes, je n'y tenais pas; les regardant toujours aux yeux, au cœur, et jamais à la robe. Hélas! aujourd'hui je puis dire comme le poète,

« J'eus des châteaux, des amis, des maîtresses,
» Amis, châteaux, maîtresses ne sont plus. »

Par exemple, je suis plus que jamais convaincu, sans aller tout-à-fait au fond des choses, en les regardant à première vue, que lorsqu'on est malheureux dans ce monde, c'est presque toujours par sa faute. Dix fois la fortune m'a jeté son hameçon d'or, elle l'a mis à mes pieds; je l'ai vu s'agiter, s'avancer, reculer et disparaître enfin; né avec une grande facilité de travail, j'aimais tant la vie insoucieuse et riante, que je n'ai jamais voulu rien faire. J'ai toujours apporté une molle indifférence aux soins que se donnent la plupart des hommes pour augmenter leur fortune. Bourse, finances, spéculations, chemins de fer, économie politique, je parlais de tout à merveille; mais mon génie, mon activité, s'en allaient en paroles; à l'application, au travail, ce n'était plus cela. Il faut tout dire, je trouvais fort ennuyeuses ces rudes épreuves d'ordre, d'économie, de patience, qu'il faut de toute nécessité subir pour arriver à la fortune.

On comprend qu'avec de telles dispositions, un caractère léger, aventureux, il m'était difficile, comme on dit, de faire une bonne maison; aussi m'arriva-t-il qu'un jour ayant à payer une lettre-de-change de dix mille francs, je trouvai ma caisse vide, j'en parcourus les coins les plus secrets, ma main fouilla jusqu'au fond, à l'exception de quelques pièces éparses, il n'y restait rien. Assis dans mon grand fauteuil de bureau, d'un air grave et triste, je regardais ma caisse entrouverte, elle si fidèle autrefois à répondre à mon appel! ne se faisant jamais prier pour acquitter les billets que je lui présentais!

Bientôt il me vint à la pensée que ma lettre-de-change serait protestée..... A ce mot de protêt, le rouge me monta au visage, j'éprouvai un sentiment indéfinissable de honte, de terreur, à peu près semblable à celui que doit éprouver une femme qui cède pour la première fois. Je sentis que j'allais déflorer ma vie de négociant, la ternir à jamais; il faut le dire, la réputation d'un négociant est une fleur aussi délicate que la réputation d'une femme, la plus légère tache y fait une souillure qui flétrit pour toujours sa pureté.

Au milieu du désordre de mes pensées, le nom de Julien Derbaux, l'ami, le compagnon de mon enfance, me tomba dans l'esprit. Je l'aimais comme un frère; seulement, depuis qu'il était marié, je le voyais moins souvent, mais je devais compter sur lui. Julien était un brave et digne négociant, se livrant corps et âme aux dieux infernaux du commerce; travaillant sans relâche à augmenter sa fortune; n'ayant qu'une pensée, qu'un besoin, celui de gagner de l'argent. Cependant ce qui lui restait de sa journée, de sa vie, il le consacrait à sa femme, à deux jolis enfans qu'il adorait; le soir, à ses côtés, ses deux enfans sur ses genoux, il y avait trève aux soucis, aux affaires, l'amour et le bonheur reprenaient leurs droits.

Deux jours avant l'échéance de ce fatal billet, je me présentai chez lui; bien que doué d'un caractère très-décidé, je sentis une sorte d'émotion qui me serra le cœur, il me semblait que j'étais sur un terrain glissant qui me conduisait à un abîme; si

Julien me refusait les dix mille francs, j'allais subir la flétrissure d'un protêt!... Cependant j'entrai avec assurance dans le salon; après avoir salué sa femme, je lui tendis la main, il vint à moi, m'embrassa, et me remercia de mon bon souvenir.

A d'énormes bouquets jetés confusément sur la table, aux débris d'une légère collation servie à une heure inaccoutumée, je compris que c'était la veille de sa fête; les deux enfans, l'un âgé de trois ans, l'autre de quatre, venaient de réciter leur compliment, on les leur fit répéter de nouveau, pour me donner bonne opinion de leur jeune et heureuse mémoire.

Julien était assis sur un vaste canapé, il tenait ses deux enfans sur ses genoux, les baisait sur le front, en arrangeant avec la maïn les longues boucles de cheveux blonds pendantes sur leur visage; Mme Derbaux était à l'extrémité du canapé, contemplant avec ravissement ce bonheur de père, qui s'exprimait par de douces caresses. Cette scène intime, ce tableau de famille reposait l'âme, et me faisait rêver.

«Eh bien! Arthur, me dit Julien, conviens qu'il y a dans le mariage des instans qui, à eux seuls, valent toute une vie de garçon? Mon ami, l'amour de la famille est le bonheur le plus doux, le plus parfait qu'on puisse goûter sur la terre, lorsqu'on a franchi les trente ans, cette dernière période des passions de la jeunesse.»

Je répondis, oui, très-haut; et tout bas je me dis: «Sans compter ceux qui doivent nous en ôter la fantaisie.»

En ce moment Mme Derbaux dit aux enfans de donner le bonsoir à leur père : c'était l'heure de les coucher; après de nombreux baisers dont j'eus ma part, elle sortit avec eux, me saluant très-froidement. Dès qu'elle fut partie, je me sentis plus à l'aise ; je me trouvais seul avec Julien, n'ayant plus qu'à lui dire : Mon ami, prête moi dix mille francs; là était tout le vif de ma position. Ce fut au moment où il prêtait l'oreille pour écouter si ses enfans pleuraient, que j'abordai brusquement la question, et lui confiai, en deux mots, que j'avais besoin de dix mille francs pour acquitter une lettre-de-change, et qu'il m'obligerait beaucoup de me les prêter.

Julien était dans une disposition d'âme si douce, si bienveillante, si peu en garde contre cette attaque, que, sans accompagner le service qu'il allait me rendre de ces réflexions obligées sur la nécessité où se trouve un négociant de prévoir les échéances, il me répondit : Mon ami, je vais te les prêter. Il fut à son secrétaire ; pendant qu'il me souscrivait un bon à présentation, je lui dis avec la facilité de gens qui n'ont pas la certitude d'être dans une bonne situation de fortune : « Veux-tu que je te donne une hypothèque sur ma propriété de Villiers-le-Desert? »

Il se retourna avec une sorte de surprise : « Une hypothèque? mais c'est un service que je te rends ; un service qu'on ne refuse pas à un ami, quand on peut le faire. Ces sortes de prêts ne se font pas sur hypothèque? fais-moi une simple promesse pour une année, tu me rendras cette somme au fur et à mesure que tes fonds rentreront.» Mme Derbaux reparut.

« Ma chère amie, c'est demain dimanche, je vous rends ma fête à ma campagne d'Argenteuil; j'invite Arthur; tu viendras, n'est-ce pas? c'est convenu, nous t'attendrons. » Je m'empressai d'accepter, et je sortis le cœur gai, heureux. En entrant dans ce salon, j'avais du plomb sur l'estomac, en sortant j'étais léger, satisfait comme un étudiant qui vient de recevoir son trimestre.

II.

Les Dangers de la Coquetterie.

Pourquoi ses yeux, pleins d'une pitié tendre,
Sont-ils restés si longtemps sur les miens?

(Desbordes-Valmore.)

Nous arrivons aux premiers jours du mois de mai, au moment des premiers zéphyrs, des premières roses, temps où les fleurs ont le plus d'éclat, de parfum, déjà les arbres se revêtent de leurs feuilles naissantes d'un vert pâle, la nature se pose sa couronne virginale et nous apparaît plus brillante et plus fraîche; quittons Paris, allons à Argenteuil visiter la maison de campagne de mon ami Julien Derbaux, éloignons-nous un moment du bruit incessant de ses rues, de son pavé sonore, du roulement de ses voitures qui vous étourdissent au point qu'on croirait quelquefois qu'elles vous défilent dans le cerveau; adieu à ses salons, à la politique du jour, à ses émotions promptes, vives, passionnées et oubliées le lendemain, adieu à cette vie de bourse, de restaurans, de théâtre, à cette atmosphère épaisse de poussière. Allons respirer l'air embaumé de la campagne, nous reposer la vue sur les vastes champs de blés qui se déploient à droite et à gauche de la grande route, c'est aujourd'hui dimanche, le temps est à nous; je vous parlerai des nombreux établissemens industriels qui s'élèvent aux environs de la capitale, je vous ferai remarquer les points de vue admirables qu'on rencontre de distance en distance, la richesse, la diversité des productions de cette vallée qui vous environne, vallée renommée dans les fastes agricoles; vous n'aimez pas les descriptions poétiques, vous voulez du simple, du vrai, en effet, les descriptions se ressemblent toutes, il en est de cela comme d'un vaudeville ou d'un drame moderne. Pour faire un vaudeville, vous prenez un mari, une femme jeune et belle, une passion bizarre, ridicule au besoin, seulement une femme et un parapluie, vous faites naître un ou deux incidens, et, comme dit la cuisinière bourgeoise, vous serez chaud.

Pour le drame, c'est plus facile encore, des costumes du moyen âge, du sang, des orgies, des noms célèbres, des événemens tronqués, défigurés, des femmes souillées de crimes, des mœurs putrides, vous saupoudrez tout cela de quelques mots pris à de vieux romans, vous parsemez chaque phrase de cet éternel « Messeigneurs! » un dénoûment de cadavres, un incendie, ou des fioles de poison; votre drame est fait.... Vous le voyez, il y a des recettes pour le drame et le vaudeville; c'est comme la description poétique, vous prenez des arbres, des montagnes, une cascade, des ruines, une vieille tour, des eaux bleues et profondes, vous jetez une teinte mélancolique sur le paysage, des rayons de soleil qui se glissent le long du rocher, ou la lune qui se balance mollement sur la surface du lac, sur tout cela, des émotions que vous n'avez jamais ressenties, des impressions qui n'ont jamais troublé vos nerfs, puis vous servez cela comme on sert le drame, le vaudeville, et vous voilà touriste ni plus ni moins qu'un poète de l'école de Lamartine.

Le village d'Argenteuil est à trois lieues de Paris, auquel on dit adieu par la barrière Saint-Denis; on y remarque les ruines du prieuré d'Héloïse, le château du Marais, l'hôpital fondé par Saint-Vincent de Paul, et quelques jolies habitations. La maison de Julien était située presqu'à l'entrée; c'était une des plus élégantes, des plus fraîches des environs. Mme Derbaux y passait la belle saison, son mari s'y rendait tous les soirs, et rentrait le matin à son bureau; heureux d'échapper quelques heures à cette vie factice de soucis et d'affaires.

La société réunie chez Derbaux était peu nombreuse; le dîner terminé, on se répandit dans le jardin, sous la grande avenue qui aboutissait à la route de Paris. Au nombre des convives, j'avais remarqué un jeune homme, mais tout jeune encore, nommé Eugène Dailly, fils d'un négociant de Paris, propriétaire lui-même d'une maison de campagne à Argenteuil. Ce jeune homme avait le teint blanc comme une femme, portait de petites moustaches noires, sa cravate était mise avec goût, il avait un très-bon ton, de bonnes manières; seulement, dans les discussions politiques, sortant de ses habitudes polies, il s'animait extraordinairement. Son âme était de feu et d'une extrême énergie pour ses opinions;

mais rentré dans le langage habituel des salons, il redevenait très-doux, timide même auprès des femmes, surtout avec Mme Derbaux.

Les feux du jour commençaient à s'éteindre, un vent frais agitait le feuillage; nonchalamment assis dans un fauteuil de jardin, savourant en silence le calme des champs qui apporte tant de bonheur à l'âme, mes yeux se portaient indifféremment sur la plaine qui s'étendait sous mes regards; lorsque je les reportai tout-à-coup sur Mme Derbaux, assise à peu de distance de moi, et très-rapprochée de M. Eugène Dailly. Quelle fut ma surprise, ou plutôt ma terreur! je m'aperçus qu'il la regardait avec une incroyable expression d'amour et de passion; elle, à côté du jeune homme, dans une pose penchée, gracieuse, tenait à la main un bouquet de roses et de violettes; de ses longs doigts effilés, elle en arrachait quelques feuilles qu'elle éparpillait sur sa robe ; Eugène était en contemplation ; Mme Derbaux, par intervalle, reposait en souriant sur le jeune homme son œil noir et plein de feu, mais avec une expression indicible de moquerie... d'amour... que sais-je? il était impossible de pénétrer la vérité de ce regard.

O! mon Dieu! me dis-je tout bas, l'aimerait-elle? A cette pensée, mon cœur se serra je compris tout d'abord les malheurs qu'elle renfermait, quels horribles événemens pouvaient s'accumuler sur cette tête, si belle, si heureuse! une tristesse profonde s'empara de mon âme; cette femme me fit pitié; je crus voir un enfant jouant avec une arme dangereuse. Personne, comme moi, n'avait le secret du caractère de Julien; sous un air de bonhomie, d'abandon, de confiance, je savais qu'une trahison aurait été cruellement punie. Facile, faible dans le commerce ordinaire de la vie, c'était un tigre quand les passions s'éveillaient dans son cœur; la coquetterie, la légèreté de sa femme me saisirent d'effroi.

Mme Derbaux, ses genoux l'un sur l'autre, balançait d'un air insouciant et tranquille, son pied admirablement petit et bien chaussé; malgré moi je fixai ce joli pied, se montrant à découvert, se cachant, se montrant encore, pour disparaître sous les longs plis de sa robe; que de charmes il décelait! mon imagination, brodant sur cette enseigne, lui jettait les trésors de ces chaudes pensées qui donnent tant d'amour pour les femmes.

Pendant que j'examinais Mme Derbaux, je la vis confier en souriant sa main à Eugène; il examinait cette douce et blanche main, et lui prédisait sa destinée. « Vous serez toujours, disait-il, en levant les yeux sur elle, la plus belle, la plus heureuse des femmes, quelqu'un vous aimera de l'amour le plus vrai, le plus tendre; il y aura dans cet amour quelque chose de plus doux encore que l'amour d'une mère pour son enfant, plus doux que celui d'une vierge pour son Dieu : ce sera un amour profond, senti comme celui qu'ont dû éprouver les hommes aux premiers jours de la création, éternel comme celui des âmes dans le ciel. — Oh! je n'ai pas cette ambition, dit en riant Mme Derbaux, je ne crois pas aux amours des anges. — Vous n'y croyez pas? eh bien! moi, c'est ma croyance; d'ailleurs, ajouta-t-il plus bas en rougissant, celle qu'on aime est un ange, sur la terre ou dans le ciel, dès qu'on l'aime, c'est toujours un ange. »

Eugène, penché sur cette main, continuait à l'examiner; elle... était-ce une erreur, un caprice de la coquetterie, une fantaisie de jeune femme?... elle, Mme Derbaux, la femme de mon meilleur ami, m'examinait par-dessus cette tête inclinée, avec le plus doux sourire, les yeux entr'ouverts; sa bouche avait une certaine expression qui semblait m'envoyer des paroles d'amour. Je la fixai avec surprise.... Son œil devint mélancolique, son âme me parlait à travers ce regard, et semblait me dire : c'est toi que j'aime; oui, toi! Il faut être jeune, avoir aimé les femmes avec passion, pour comprendre ce langage du regard, cette fascination, qui m'envoya d'abord mille pensées voluptueuses; puis, des pensées de sang, de suicide; des terreurs pareilles à celles d'un joueur qui pose sa dernière pièce de vingt francs sur une carte rouge ou noire.

Les sensations que j'éprouvais me faisaient un mal horrible. Je me levai, je parcourus l'avenue, la tête absorbée, la main sur le cœur. Elle!... trahir Derbaux, le meilleur, le plus généreux des hommes, mais le plus dangereux, le plus impitoyable, si jamais il venait à découvrir qu'il fût trahi. L'homme est si difficilement heureux dans ce monde, il lutte avec tant de peine contre les maux qui assiégent sa vie! Faut-il qu'une femme, sa compagne, la mère de ses enfans, l'expose à des chagrins plus amers encore? Hélas! nous élevons les femmes pour plaire, pour séduire, et plus tard, quand le mariage a usé ses joies, son bonheur, nous voulons qu'elles renoncent à ces habitudes de coquetterie, d'amour, qui ont bercé, amusé leur vie. Vous parlez de refaire l'éducation du peuple, occupez-vous donc aussi de celle de notre aristocratie bourgeoise! car, Dieu me pardonne, la corruption n'est pas égale; j'ai plus de foi à la vertu d'une femme du peuple, qu'à celle de la femme du plus riche banquier.

III.

Le Départ.

La jalousie conseille mal.
(Vieux Proverbe.)

Le lundi matin, un homme en veste grise, la plaque d'argent sur la poitrine, se présente à mon bureau, tire un portefeuille attaché avec une longue chaîne de cuivre, et d'un air sec et froid, me présente la lettre-de-change de dix mille francs. Je l'acquittai avec les fonds que m'avait prêté Derbaux.

Lorsqu'il fut sorti, que j'eus ce diabolique billet dans mes mains, je fis un profond soupir. Je tournais, retournais ce chiffon de papier, cause de si vives et si nerveuses émotions. Il était là, devant mes yeux, acquitté, grâce à l'amitié de Julien, à sa confiance; oui, sans lui, je subissais la flétrissure d'un protêt; mon domicile était envahi par les huissiers, ma réputation livrée aux hideuses paroles dont on souille celui qui ne fait pas honneur à ses engagemens. Oh! de la prudence pour l'avenir! ne signons plus de lettres-de-change; les amis comme Derbaux sont rares. Chez les anciens, l'amitié était une divinité, les modernes ont brisé ses autels.

Au moment où je faisais ces sages réflexions, je vis entrer Derbaux, très-ému.

« Mon ami, me dit-il, je reçois à l'instant un courrier de Londres ; il m'annonce que la maison où j'ai placé des sommes considérables, est à la veille de suspendre ses paiemens. Je partirai demain ; une vieille expérience m'a appris tous les avantages qu'il y avait à traiter bien ou mal, par anticipation, ces sortes d'affaires. J'espère arriver à temps pour sauver une grande partie de ma créance. Viens, accompagne-moi à la préfecture de police pour avoir un passeport : tu me serviras de témoin. »

Je lui offris de le suivre à Londres, ou d'y aller moi-même, si ses affaires exigeaient sa présence à Paris. « Non, me répondit-il, de pareilles opérations ne se traitent pas avec des pouvoirs, il faut y mettre la main soi-même. »

Chemin faisant, il me tenait le bras, lorsqu'il s'arrêta brusquement : « Je n'aime pas à parler de ma femme ; mais à toi, je peux t'ouvrir mon cœur, certain que je suis de pouvoir te parler comme à un frère. Écoute-moi : Laure de bonne heure a été libre, gâtée par sa mère, qui, au lieu de tempérer une excessive disposition à la coquetterie, l'a au contraire développée par une éducation très-frivole, et par l'habitude de voir des sociétés où on lui accordait les plus grandes libertés.

» J'ai fait avec Laure un mariage comme on les fait aujourd'hui, un mariage d'argent, de convenances, de notaire enfin ; mariage, au reste, que mes principes de négociant me font approuver ; car je prends la vie au sérieux, et je ne la comprends qu'avec la fortune et le bien-être dans son intérieur. Quand Laure fut ma femme, à mon tour je lui accordai les mêmes libertés que sa mère; cela pouvait-il être autrement? après cela, je n'y vois pas beaucoup de dangers, lorsque le mari et la femme restent jeunes; mais si l'un d'eux vieillit plus vite que l'autre, j'en vois beaucoup; et, ajouta-t-il en faisant un profond soupir, je suis précisément dans cette position.

— C'est une erreur, mon ami, tu es plein de vigueur, de force, de santé.

— Tu ne comprends pas; je vieillis au moral. J'ai ma fortune à achever; l'ambition absorbe tous mes instans; il n'y a plus de rapports entre les idées frivoles de ma femme et le sérieux, la gravité des miennes. Nous prenons l'un et l'autre une direction touta-fait opposée. Quels sentimens possibles entre deux têtes dont l'une ne rêve que modes, toilettes, chapeaux, et l'autre, spéculations, calculs, expéditions lointaines? Ajoute que Laure lit tous les romans modernes, qui achèvent de lui faire comprendre que la femme est dans le monde pour satisfaire sans scrupule toutes ses passions, que c'est folie de ne pas profiter des belles années de la vie.

— Permets, dis-je à Julien; avec de grandes qualités, tu as aussi quelques défauts; par exemple, je te connais une excessive disposition à la jalousie, et cette disposition exagère, dénature tout. »

Derbaux me serrant fortement la main, me regarda avec une vive émotion : « Oui, tu as touché la plaie de mon cœur!... oui;

je suis jaloux! Mais, tiens.... ne parlons pas de cela, je n'ose me l'avouer à moi-même! Seulement, Arthur, promets-le moi, rends-toi tous les soirs à Argenteuil; veille à ce que ma femme ne se livre pas à la légèreté de son caractère; à ce qu'elle soit plus réservée avec quelques fats qui l'entourent; enfin, que ta présence lui rappelle les devoirs qu'elle doit remplir comme mère de famille et comme épouse. N'est-ce pas, tu me le promets?

— Quelle folie! quel rôle imposes-tu à mon amitié?» Il se cacha la tête dans ses deux mains, hésita un moment, puis me dit encore :

« Arthur, promets-le moi.

—Pauvre Julien! la confiance est plus sûre que les grilles, les verroux, la surveillance d'un ami.

— C'est convenu, je compte sur toi. » Il m'embrassa et disparut.

Le lendemain à cinq heures, sa chaise de poste roulait sur la route de Calais.

IV.

Le bon et le mauvais principe.

> Je me suis toujours demandé pourquoi un homme mourrait de honte, s'il prenait une pièce d'or, et pourquoi il vole la vie et le bonheur de son ami, sans scrupule ?
>
> (De Balzac.)

Trois jours s'écoulèrent, je ne retournai point à Argenteuil. Je prévoyais que pour échapper à l'amour que Mme Derbaux pourrait m'inspirer, le parti le plus sage était de la fuir. Mais la logique des sens est si éloquente, elle étouffait avec tant de puissance les murmures de ma confiance, qu'un beau matin je me trouvai à pied sur la route d'Argenteuil. Un doux soleil de printemps éclairait la campagne ; le vent me jetait sa chaude haleine au visage, je la respirais avec bonheur. Après une heure de marche, je découvris au loin la maison de Mme Derbaux; elle m'apparut comme une gracieuse décoration, enveloppée de grandes masses de verdures. Je marchais toujours les yeux fixés sur ce centre de toutes mes pensées ; arrivé près du village, à peu de distance de la route, un superbe noyer, isolé au milieu d'une prairie, m'offrait son délicieux ombrage et semblait m'inviter à prendre un instant de repos; la pelouse qu'il protégeait était épaisse, offrait un lit doux et tendre, je me couchai sous le vieux noyer, et la tête appuyée sur ma main, les regards élevés dans la profondeur du ciel, je m'écoutais penser : « Je suis seul, personne ne m'écoute; je veux épancher mon âme tout entière devant moi; il faut que je connaisse ses plus intimes secrets. Quel est donc ce mystère de la nature humaine, qui ferait croire qu'il existe dans le cœur deux moteurs dont l'un semble vous conseiller le bien, l'autre vous conseiller le le mal? Pourquoi done ces deux pensées qui se combattent, qui ont des sentimens si opposés? La cause est une, l'effet devrait être un, identique; et cependant une voix me crie : Respecte la femme de ton ami; une autre : Aime-la, son amour remplira ton cœur de bonheur ! l'une me dit : Trahirais-tu Julien? Julien, qui t'a si généreusement obligé, le seul ami peut-être que le ciel t'ait donné pour supporter les mauvais jours de la vie. Veux-tu souiller ton âme, pure encore, par une aussi infâme perfidie. Non, Arthur, tu ne trahiras pas ton vieil ami, entends-tu? ton vieil ami que tu aimes depuis ton enfance! qui a pour toi dans le cœur des sentimens aussi doux, aussi vrais que ceux d'un frère; tu ne sais donc pas, misérable, que si tu commets cette horrible action, tu te places au niveau des êtres les plus vils, les plus abjects. Oh, Arthur! épargne à ta destinée tout entière les mépris dont elle t'accablerait. Inexplicables mystères que Dieu seul connaît! Pourquoi cette bonne et cette mauvaise pensée? cette lutte entre le bien et le mal? quel sera vainqueur?»

Ces idées se dissipèrent; j'entendis une autre voix me dire à son tour: Qu'elle est belle!... quel regard! son âme est aimante et passionnée ! plus les dangers sont grands, plus les émotions de ton cœur seront énergiques, brûlantes. Cette femme est faite pour l'amour, son organisation l'entraîne, l'égare, alors qu'importe? toi, Eugène, un autre, c'est sa destinée; puisque Dieu nous a donné de telles passions, c'est pour les satisfaire, tu t'en convaincras plus tard, il t'en viendra des regrets. Oh! si tu savais les belles nuits que te garde son amour! les doux baisers qui vont endormir tes remords. D'ailleurs, si ton cœur est brûlant, peux-tu lui dire: sois de glace, n'aime pas, quand tout l'entraîne vers l'amour; est-ce ta faute si ta mauvaise nature, si les élémens dont ton cœur est pétri te donnent des passions ardentes, mille fois plus fortes que ta faible et pauvre raison? Laure sera ta maîtresse. »

A cette dernière parole mon front s'assombrit, ma tête devint brûlante, ma conscience me cria : parjure, ingrat! Ces mots me bourdonnèrent long-temps autour des oreilles, comme des guêpes importunes. Je suis fou! m'écriai-je enfin, puisque je pourrais commettre une telle action, une action qui me conduirait droit à l'enfer, en passant par l'hôpital.

Dans ce moment je vis une allouette, se lever joyeusement dans les airs, et planer long-temps au-dessus de ma tête. J'entendis son gazouillement, ses chants d'amour. Cet oiseau messager du printemps, les doux zéphyrs qui caressaient mon front brûlant encore; tout semblait m'apporter des pensées de bonheur, de volupté, mes remords s'éteignirent. Mon imagination, douée decet heureux privilége qui appartient aux hommes dont les sens ont une puissance irrésistible, me présenta Mme Derbaux, belle, pâle, avec son regard noir, de feu, si impressionable, que je la voyais prête à se livrer à Eugène, si, le premier, je n'allais pas lui dire: « Et moi aussi, je vous aime. »

En arrivant à la maison de Julien, je me dirigeai vers la terrasse, lorsque j'aperçus Mme Derbaux assise sous la salle d'ombrages, dans un négligé séduisant, faisant de la tapisserie; Eugène, à côté d'elle, traçait des caractères sur le sable avec le bout de sa canne, je crus lire le dernier mot : *Laure!*

V.

Le Baiser de la Nuit.

Malheureux qui étouffe la voix de la conscience !

(J.-J. Rousseau.)

En réponse aux paroles polies et affectueuses que je lui adressais, Mme Derbaux me fit d'obligeans reproches sur le retard que j'avais mis à remplir les engagemens que son mari avait pris en mon nom. Au reste, me dit-elle d'un air fin, je sais que vos occupations en ont été le seul motif, et je ne vous en veux point.

Ma présence ne parut pas contrarier Eugène, il me témoigna beaucoup d'amitié; mais le tête-à-tête où je venais de le surprendre avait fait sur moi la plus dangereuse impression; je me proposais de passer une partie de la journée à Argenteuil, je me décidai à y rester jusqu'au lendemain matin.

Mme Derbaux retint Eugène à dîner, le personnel de la maison se composait de sa nièce, âgée de quinze ans; l'une des plus jolies élèves de l'abbaye royale de Saint-Denis. Il est rare de voir des traits plus beaux, plus réguliers; et avec cette intéressante beauté, c'était bien la jeune fille la plus timide, mais d'une timidité si nerveuse, qu'un seul mot la faisait rougir. Il y avait ensuite les deux enfans de Mme Derbaux.

On se mit à table à six heures. Le dîner fut gai : j'employai toutes les ressources de mon esprit à rendre la conversation vive, animée. Eugène, de son côté, fut aimable; il nous raconta d'une manière spirituelle quelques anecdotes des salons qu'il fréquentait, des détails de mœurs d'une originalité piquante, quelques souvenirs d'artiste. Mais il eut toujours l'art de se poser d'une manière favorable à l'opinion qu'il voulait donner de sa personne. Je contai, à mon tour, mes souvenirs; je me rappelle que je mis une excessive adresse à rendre une aventure qui m'était personnelle, et révélait indirectement à Mme Derbaux que je m'étais beaucoup occupé d'elle; elle me compris, car elle m'écouta avec la plus impatiente curiosité.

A dix heures, Eugène nous quitta; la nièce et les enfans furent se coucher. Nous restâmes seuls près d'un foyer à demi-éteint. Les heures s'écoulaient, minuit avait sonné; nous nous regardions avec amour; nos âmes s'étaient déjà parlé, se comprenaient; mais, il y avait loin encore à prononcer le mot qui devait nous rendre criminels. Un entraînement involontaire me poussait à ses pieds; mon cœur éprouvait le besoin de lui dire : « Je vous aime! » Mes lèvres retinrent cet aveu, elles se refusèrent à ce coupable bonheur! Mme Derbaux comprit tout. Nous parlions l'un et l'autre, mais aucune de nos paroles ne traduisait nos pensées.. Enfin, la porte s'ouvrit, un domestique apporta des flambeaux, je lui offris mon bras pour l'accompagner dans son appartement, heureux d'avoir échappé aux dangers de ce long tête-à-tête.

Le domestique marchait devant pour éclairer; je montais lentement les escaliers, le bras de Mme Derbaux pendu au mien, si rapproché d'elle que je sentais les battemens de son cœur, la chaleur brûlante de sa poitrine; sa joue effleurait la mienne! J'allais lui dire adieu, lorsqu'en tournant pour entrer dans son appartement, une croisée s'étant trouvée ouverte, le vent éteignit les lumières; nous restâmes seuls, dans la plus profonde obscurité.

Quand je me trouvai ainsi près d'elle, de criminelles pensées revinrent, m'assaillir, ce que je n'avais pas osé lui dire à la clarté des flambeaux, j'allais le lui dire dans la nuit. Cette mauvaise voix des passions me criait : « Profite du moment, jamais occasion ne sera plus belle. » Nous étions silencieux, mornes ; bientôt ma main saisit la sienne ; elle était froide, sans mouvement ; je la serrais doucement, j'écoutais si l'on me répondait... je ne sentis rien. Mme Derbaux tremblait, sa respiration était haletante ; je baisai son front, elle ne se défendit pas. Je crus voir une clarté à l'extrémité de la galerie, c'était une fausse peur. Alors, épuisé par le temps, éperdu, hors de moi, je la serrai dans mes bras, et lui dis avec la plus délirante expression : « Laure, si vous saviez combien je vous aime, vous me pardonneriez !... » Laure ne répondit pas, seulement ses lèvres murmurèrent quelques mots que je pouvais à peine recueillir. « Arthur!..... moi aussi..... oh! oui, oui,.... mon Dieu, que dis-je? Pourquoi m'aimez-vous?.... demain... » Pendant qu'elle parlait, je croyais voir un fantôme errer autour de moi ; ma joie ressemblait à celle des damnés.

Le domestique reparut. Je devais être épouvantablement pâle! mes jambes chancelaient... des émotions effrayantes me remplissaient le cœur. Un homme qui vient de commettre un meurtre ne doit pas éprouver d'angoisses plus poignantes... Mme Derbaux me dit adieu, me regarda une dernière fois avant de disparaître.

Rentré, seul dans ma chambre, je me jettai dans un fauteuil et m'écriai avec terreur, qu'as-tu fait? tu as trahi Julien!.. ce nom de Julien me tomba sur le cœur! me fit éprouver la douleur qu'un plomb fondu m'eût fait en tombant sur ma main. Je changeai dix fois de place ; ce nom me poursuivait toujours! j'éteignis la lumière, j'ouvris la croisée, et en mesurant la hauteur, je me demandais pourquoi ma destinée semblait ainsi vouée au mal? pourquoi je n'avais jamais hésité entre l'honneur et mes passions? si la mort ne serait pas préférable à cette vie qui n'a de bonheur qu'aux dépens de celui des autres? La nuit était belle, calme, le ciel parsemé d'étoiles, mes yeux s'obscurcirent tout-à-coup, je sentis des larmes couler sur mon visage, je murmurai une prière : mon Dieu! m'écriai-je, arrache de mon cœur cette horrible et funeste passion, donne-moi le courage de ne pas trahir mon malheureux ami! Mes yeux regardaient avec mélancolie cette immensité; je pensais avec tristesse à l'avenir; cette vie est une préparation pour une autre, sans cela cette existence de malheur, de désespoir serait sans raison; tout ne finit pas à la mort, autrement à quoi servirait Dieu? à quoi servirait l'homme? Oui, il existe une autre patrie, mais elle n'est pas promise au parjure, à celui qui a foulé aux pieds ce que les hommes ont le plus respecté sur la terre! rêveuses pensées d'un autre avenir tristes pressentimens de l'âme, non, vous ne me trompez pas; il n'y a pas de place dans le ciel pour le perfide qui a pu tromper son ami!

Je revins dans mon fauteuil, où je m'endormis du sommeil des fiévreux; il me semblait qu'une voix bourdonnait à mes oreilles, et me disait sans cesse : Frère, merci... merci... puis une autre venait me rassurer, et prononçait doucement : Demain, à demain.

VI.

Les deux Confidences.

L'amitié est la plus belle, la plus pure moitié de l'amour.

(De Lamartine.)

Le matin, en m'éveillant, je me sentis beaucoup moins agité. Mon sommeil, quoique troublé par de fantastiques visions, avait abattu l'exaltation de ma tête. Une singulière pensée vint tout-à-coup me calmer entièrement. Je me dis avec une certaine résolution : Mais quel mal d'aimer Laure d'une pure et tendre amitié? pourquoi ne pas me livrer à la doucenr de ce sentiment? ne peut-il pas me suffire? Qu'ai-je besoin de l'amour?... Oui, Laure sera l'amie de mon cœur; j'imposerai silence à mes sens; et quand Julien reviendra, je n'aurai pas cessé d'être digne de son estime, de sa vieille amitié. Cette pensée remplit mon âme de joie; plus de reproches de ma conscience! Heureux d'être en paix avec moi-même, je suivis, en cueillant quelques fleurs, les longs sentiers d'un bois anglais qui conduisaient à une ancienne chapelle située à l'extrémité du parc; j'étais au moment d'y entrer, lorsque j'aperçus Mme Derbaux qui suivait ce même sentier; je fus au-devant d'elle. Plus jolie encore que la veille, ses traits n'avaient éprouvé aucune altération, le plus aimable sourire errait sur ses lèvres fraîches et vermeilles. On devinait qu'elle avait goûté le plus paisible repos. « En vérité, me dit-elle en riant, on croirait que c'est un rendez-vous. » A ces paroles, dites avec cette insouciance de jeune femme que la réflexion ne guide pas toujours, je regardai Laure avec surprise, et je compris tous les dangers, même du plus faible sentiment.

Je la regardai long-temps sans répondre; puis, me plaçant auprès d'elle, sur un banc de bois où elle s'était assise, je lui dis :

« Laure, je puis l'avouer; j'en ai le droit maintenant, Laure, nous nous aimons!... » Je pris ses deux mains, et les appuyant sur ma poitrine: « N'est-ce pas, nous nous aimons?..... » Ses regards s'attachèrent sur les miens, et la plus jolie bouche me répondit un oui, qui retentit jusqu'au fond de mon âme, tellement la voix qui le prononça fut douce et vibrante.

« Si j'écoutais mon cœur, Laure, je me jeterais à vos pieds, je vous dirais : Oh! merci de votre amour! il me rend le plus fortuné de hommes. Mais, nous avons l'un et l'autre des devoirs à remplir! Nous ne pouvons être heureux sans être coupables! sans trahir, vous le mari le plus tendre, le plus confiant, moi le plus généreux des amis; mon seul et vieil ami, entendez-vous, Laure? Elle me regarda avec une expression qu'il me fut impossible de définir, je plongeai mes yeux au fond de ce regard, et lui dis avec énergie : Laure, sois mon amie, je serai le tien, nous puiserons dans ce lien tendre et pur tout ce que la vie a de plus doux, de plus enchanteur. Tu me dévoileras tous les secrets de ton âme; toujours bon, indulgent, je te répondrai avec franchise; je te confierai à mon tour mes plus intimes pensées, toutes les joies, tous les chagrins de ma vie; que de charmes, de bonheur dans une aussi douce réciprocité! deux âmes aimantes, égarées par l'amour, épurées par l'amitié, fortifiées par l'étendue de leurs sacrifices, doivent trouver ici-bas dans l'épanchement de leur confiante tendresse, l'avant-goût des joies qui nous sont promises dans le ciel. Le veux-tu? ma Laure, ma sœur, mon amie! je voudrais connaître un nom plus doux encore, je te le donnerais. — Si je le veux, mon Arthur!» Pour sceller son consentement elle me tendit sa main, que je baisai avec transport.

— Voyons, me dit-elle, commence, fais-moi ta confidence, puis je te ferai la mienne.

—Vois-tu, ma Laure, il y a en moi deux natures, deux réputations, que te dirai-je? deux hommes. Je ne te parlerai pas du premier, celui qui se présente dans un salon avec un caractère qui n'est pas le sien, une âme qui n'est pas la sienne, qui se masque de faux-semblans, et ne se donne jamais pour ce qu'il est; mais je te parlerai du véritable moi, tel que la nature m'a formé; je suis un mélange bizarre des contradictions les plus opposées; par exemple, j'ai des croyances arrêtées, une foi vive; je vois Dieu dans tout ce qui m'environne, je me ferais martyr du déisme, s'il le fallait; les études de toute ma vie, ces belles et éternelles lois qui régissent le monde, m'en ont fait une conviction absolue, une conviction de cœur; je crois à une autre vie, je crois que mon âme y sera tourmentée par les remords du mal qu'elle aura fait, ou délicieusement heureuse par le souvenir de ses bienfaits; eh bien! croirais-tu qu'avec ces croyances, cette foi vive, cette conviction intime, je me suis livré à toutes les passions que j'avais dans le sang; j'ai aimé les femmes avec une telle fureur, que je ne me souviens pas avoir un seul instant hésité devant ce qu'on appelle, en bonne morale, un crime, pour satisfaire cette frénésie; j'ai porté le trouble, la corruption dans des familles; chaque jour je me promettais une vie plus pure pour l'avenir, le lendemain, la première robe de soie que je rencontrais me livrait aux mêmes erreurs, me faisait commettre les mêmes folies. Oh! c'est qu'il y a des organisations auxquelles on n'échappe pas; enfin, un jour, blessé dans un duel, blessure assez dangereuse pour qu'on désespérât de mes jours, la douleur, la fièvre me clouant dans mon lit, sur mon visage tous les signes avant-coureurs de l'agonie, eh bien! sur ce lit de mort, mes yeux pouvaient à peine s'ouvrir, qu'ils suivaient la jeune et jolie garde chargée de me veiller, et dans ce cerveau qui laissait pour ainsi dire échapper à la vie, il y avait place encore pour de coupables pensées! à présent, juge quel courage il me faut si j'arrête mon amour pour toi sur le seuil de l'amitié? Cet amour le plus beau, le dernier de ma vie, je te le sacrifie, et ne te demande qu'une pure et tendre amitié? Parle maintenant, dévoilemoi ton âme, mais ton âme toute entière, le bon et le mauvais côté. — Oh! cela n'est pas possible, une femme ne se dépouille jamais tout-à-fait de sa robe. — Pour un ami? dis-moi le secret de ton cœur. — Allons, je le veux bien, refuse-t-on jamais rien à un ami?

— D'abord, tu le vois, ma tête est belle, on me le dit souvent, mais elle est vide; dans mon enfance, je portais mes regards vers le ciel, depuis, j'ai préféré ce monde à l'autre; dès le début de la vie, deux routes se présentent à nous, l'une triste, ennuyeuse, sans mouvement, sans poésie; semée de ronces, d'épines, et pour toute récompense, une sorte de respect, de vénération qu'on nous réserve pour les dernières années de notre existence.

L'autre, fleurie, environnée de frais ombrages, avec des fêtes brillantes, du bonheur, du plaisir, des jouissances pour lesquelles nous autres femmes, nous avons été créées; pouvais-je hésiter? j'ai pris la route des fêtes, la plus fleurie, c'était celle que m'indiquait la nature et ma vanité; quant à des croyances, avais-jele temps d'en avoir, j'ai toujours regardé comme idéal ce que vous autres hommes étudiez si sérieusement, ce que nous, femmes, croyons sur parole; en réduisant ainsi ma vie aux causeries de salon, à ces entretiens frivoles de robes, de modes, de chapeaux, à quelques succès de coquetterie, je sentais bien que je me faisais une destinée manquée, mais n'est-ce pas celle de la plupart des femmes? — Ah ça! mais, tu as donc trompé ton mari? — En pensées, très-souvent. — Et en réalité? — Jamais. — Si tu le trompais, aurais-tu des remords? — Non. — Je ne te demande pas ton secret, mais je te le dis : tu aurais des remords. — Non! — A t'entendre, des savans diraient que tu es une organisation, et que je suis un système. — Je ne sais pas, mais, ce que je sais, c'est que je ressemble à beaucoup de femmes, et, qu'à peu de chose près, toutes sont jetées dans le même moule. — Ecoute, Laure, repris-je avec un profond soupir, il faut que je fasse pénétrer dans ton âme un rayon du feu divin qui éclaire la mienne, et cette simple croyance d'un Dieu, qui te convaincra que la morale et l'amour de l'humanité doivent être la base de ta conduite, que tu dois des paroles d'amour à celui qui t'a créée, qui t'a donné des enfans qu'il peut te ravir!.... C'est la voix qui nous appelle lorsque nous sommes égarés au milieu de ce grand désert de la vie, c'est l'éclair qui brille à l'extrémité de l'horizon, nous entr'ouvre le ciel et nous indique la route que nous devons suivre pour mériter ses bontés; oui, mon amie, il te faut un Dieu, pour lui confier tes chagrins quand tu en auras dans le cœur, le prier de prolonger ton bonheur lorsque tu seras heureuse, accomplir tes espérances lorsque tu auras des espérances. Oh! la prière, tu ne sais pas tout ce qu'il y a de doux et de paternel dans la prière! comme elle donne un paisible sommeil! des rêves qui ne finissent pas à la tombe; elle est encore plus douce que la voix d'un ami; si le cœur découragé a des momens d'ennui, elle le fait taire, en le berçant avec des paroles consolantes.- Viens avec moi; tu vois cet autel qui tombe en ruines, ces traces d'un culte pur et divin, épars dans cette vieille chapelle; eh bien, Laure, au pied de cet autel, viens, que je prenne le ciel à témoin de la pureté du sentiment que je te voue, que je te jure de n'avoir toujours pour toi qu'une sincère amitié. — Non, dit Laure, ou tu veux tenir ton serment, et ta prière est inutile; ou tu ne veux pas le tenir, alors, tu ne te souviendrais plus de ta prière. — Dieu me pardonne, m'écriai-je, je ne puis ni te comprendre, ni te définir; ton corps est pur et ton âme est pervertie comme l'héroïne d'un drame moderne, je crois la mienne belle, aimante, toute prête pour une action généreuse, dévouée, et j'ai livré mon corps aux plus licencieux plaisirs !... si l'amitié naît des contrastes, toi et moi, Laure, nous serons pour toujours de bons et vrais amis. »

Ce doux entretien se serait encore prolongé, lorsque je me rappelai qu'il fallait descendre des hauteurs de la poésie et du roman, pour retourner à mon bureau, où m'appelaient mes prosaïques affaires. Avant de quitter Laure, je lui dis avec intention et en souriant : « Ma bonne amie, je crois que tu pêches par pensée avec Eugène, prends garde de ne pas pêcher plus tard par action! il vient te voir trop souvent pendant l'absence de ton mari, au retour il pourrait l'apprendre;.... conserve son amour, sa confiance, tu en as besoin; engage Eugène à ne pas rester des journées tout entières auprès de toi.

— Au contraire, me répondit Laure, d'un air triste et rêveur; je veux qu'il vienne, et souvent; je veux même qu'on le sache; ne m'en demandez pas davantage. »

Je pris sa main que je baisai, et lui dis adieu pour revenir bientôt.

VII.

La Tentation.

Je reviens à vos pieds, Marie,
Me sauver du malheur d'aimer :
L'oraison qui m'avait guérie
Ne vaut plus rien pour me calmer.

Il y avait vingt jours que Julien Derbaux était parti, lorsqu'un matin je reçus une lettre timbrée d'Angleterre, je m'empressai de l'ouvrir, elle était de Julien; il m'écrivait :

MON CHER ARTHUR,

« Mon voyage à Londres a eu le succès le » plus inespéré. J'ai traité avec mon débiteur » en consentant à une faible réduction. J'au- » rais pu obtenir la totalité de ma somme, » en accordant des délais, mais j'ai pré- » féré escompter ma créance à courir les » chances d'une faillite; quelques jours en- » core, j'aurai complètement terminé cette » affaire. Que de bonheur je vais éprouver à » revoir Paris, à revoir ma femme, mes en- » fans, et toi, Arthur, que j'aime comme un » frère! J'ai cependant à me plaindre de » Laure; autrefois elle m'écrivait plus sou- » vent, plus longuement; ses lettres étaient

» remplies d'expressions affectueuses, ten-
« dres; j'y puisais toujours un nouvel
» amour: elle m'a écrit il y a peu de jours, et
» sa lettre ne m'a point apporté les mêmes
» épanchemens qu'elle m'adressait en d'au-
» trés temps. Je te dis cela entre nous, ne
» lui en parle pas, cela pourrait l'affliger; et
» puis nous autres vieux maris, nous sommes
» peut-être trop exigeans. Pauvre ami!
» quelle joie m'attend au retour, avec quel
» bonheur je vais vous embrasser tous! Oh!
» le bonheur, on va le chercher bien loin, et
» il est là, près du foyer domestique, à côté
» de sa femme, de ses enfans. Arthur, marie-
» toi, il en est temps; que le tableau d'une
» famille heureuse séduise ton âme; tu seras
» heureux aussi, toi, car tu es le meilleur, le
» plus dévoué des hommes. Adieu, je ne peux

» pas trop te remercier de tes complaisances » pour Laure, et des fréquentes visites que » j'ai imposées à ton amitié. Je me réserve, » au retour, de t'en exprimer toute ma re- » connaissance.

» Je compte arriver à Paris à la fin de ce » mois.

» Ton affectionné et vieil ami,

» JULIEN DERBAUX. »

A la lecture de cette lettre, je crois que je me serais jeté à genoux pour remercier Dieu de m'avoir épargné les remords qui m'auraient déchiré, si j'avais eu le malheur de trahir Julien! Cette lecture avait réveillé le souvenir des services qu'il m'avait rendus, de sa confiance en moi, de sa bonté envers sa femme. Je compris alors tout ce que l'adultère a de hideux, et combien sont mérités lesnoms infâmes dont l'opinion publique flétrit celle qui trahit ses devoirs.

Je me rendis à Argenteuil, je lus à Laure la lettre de son mari, elle en parut médiocrement touchée, et ne vit dans son retour que l'occasion de recevoir beaucoup de monde le premier dimanche du mois suivant, jour de la fête patronale du village.

Eugène Dailly vint passer la soirée avec nous. Il lui parla souvent, et très-rapproché d'elle, à paroles basses que je ne pouvais entendre; j'en avais presque de l'humeur. Il fut constamment l'objet des plus aimables prévenances, Mme Derbaux se mit avec lui en grands frais de causerie et d'amabilité.

A onze heures il se retira, Laure me dit adieu, je restai seul au salon pour répondre à Julien, ma lettre terminée, j'entendis sonner minuit, je me levai, pris un flambeau pour me rendre dans ma chambre; tout paraissait enseveli dans le plus profond sommeil; la grande galerie était triste, silencieuse; on entendait le balancement monotone de la grande horloge de bois placée à son extrémité, et le bruit mesuré de mes pas; je m'avançais dans un silence mystérieux, tenant mon flambeau d'une main, et de l'autre cherchant à le garantir des injures du vent; je pensais à cette intimité familière qui s'établissait entre Eugène et Laure, et je me disais tout bas : Avec mes sottes répugnances, il est bien possible que Mme Derbaux me traite aussi en mari, un instinct de perfidie entraîne souvent les femmes!.... elles ont tant de bonheur à tromper. En ce moment, j'arrivais à l'extrémité de la galerie, et je vis la porte de Mlle Irma entr'ouverte; je pensai qu'elle avait pu céder aux efforts du vent, et peut-être qu'il y avait quelqu'un dans cette chambre; j'entrai sur la pointe des pieds, marchant silencieusement, mon flambeau masqué par la main gauche, j'examinai si j'apercevais quelqu'un, je ne vis personne; les larges rideaux verts du lit étaient ouverts et suspendus, je regardai le lit, tout-à-coup je vis Irma, la jeune et timide Irma, profondément endormie, montrant sans voile les formes les plus belles, les plus pures de l'adolescence; ma lumière jetait des flammes ondoyantes sur cette angélique créature; cette vision m'étourdissait, me portait le sang au visage; j'étais perdu dans un monde de pensées, d'émotions, mes sens s'animaient, mon cœur s'emplissait, quelque chose d'infernal, de vitriolique, circulait dans mes veines; amitié, honneur, souvenirs d'enfance, ce que les hommes ont de sacré, de respecté, s'effaçait de mon âme; je pensais à Laure, à me rendre auprès d'elle, à lui demander de l'amour! je sortis de cette chambre la tête brûlante, j'étais comme un insensé, l'horrible sentiment que j'avais dans le cœur étouffait tous les autres. Quand je fus en face de la porte de la chambre de Laure, je m'arrêtai comme un homme effrayé qui hésite à commettre un meurtre..... mais bientôt amassant dans mon cœur tout ce qu'il y a de lâche, d'égoïste, d'atroce, pâle, plié en deux, je mis la main sur la clef de la serrure, et j'entrai dans la chambre de Mme Derbaux.

Une lampe d'albâtre placée sur la cheminée éclairait l'appartement d'un jour doux et mystérieux; je vis Laure, la tête posée sur son bras, qui reposait d'un paisible sommeil; elle paraissait calme, heureuse, aucun chagrin ne pesait encore sur ce sein qui se soulevait avec un mouvement égal, j'étais toujours dans le plus effrayant délire.

A un mouvement que je fis, Laure s'éveilla, elle poussa un cri de terreur; mais je la rassurai en me jetant à genoux près de son lit, en la suppliant de m'entendre.... Bientôt les paroles que je lui adressais ne furent plus aussi ardentes, aussi passionnées que celles qu'elle m'adressa à son tour, « Je n'ai jamais compris l'amitié avec un cœur et des sens comme les miens, me dit-elle;

tu ne pouvais être que mon amant, puisque je t'aime autant qu'on peut aimer.

Cette nuit fut pour moi horriblement heureuse! j'eus toutes les émotions, les tressaillemens, les angoisses, l'exaltation d'un bonheur criminel; en même temps que Laure m'énivrait des caresses les plus brûlantes, je sentais la main d'acier du remords se glisser sur ma poitrine et la déchirer; avant de nous séparer elle me prit un lorgnon suspendu à mon cou par un ruban noir, et me dit en posant sa main sur mon cœur: « Arthur, je garde ce premier gage de ton amour, il me portera bonheur. »

Le jour parut, Laure n'était plus mon amie, mais ma belle et séduisante maîtresse.

VIII.

Retour de Julien.

> Bonjour, Caïn ; la paix de Dieu soit avec toi, mon frère !

Tous les soirs je me rendais à Argenteuil, et chaque matin je revenais à mon bureau. Je trouvais toujours Laure riante, folâtre, sans crainte et sans remords. Son âme de feu lui dérobait les dangers de cet amour, elle ne respirait que pour aimer, faire de la coquetterie, sans s'inquiéter de l'avenir; quoiqu'en disent les poètes, une femme ne ressemble pas toujours à une rose qui, dès qu'elle est flétrie par un grain d'orage, n'a plus de force pour retrouver son éclat et son parfum; Laure n'avait jamais été plus jolie, le plaisir et l'amour l'embellissaient encore.

Il était cinq heures du matin, on frappe avec violence à la porte cochère; les domestiques dormaient d'un profond sommeil; j'étais auprès de Laure; éveillé par ce bruit inaccoutumé, je vais à la croisée pour voir qui peut frapper ainsi. Un domestique venait de descendre, ouvre la porte: je vois entrer Julien; je n'ai que le temps de prendre mes vêtemens à la hâte et de dire à Laure :

« Voilà ton mari. »

Un instant encore et Derbaux me surprenait dans les bras de sa femme, quelques minutes plus tard il nous sacrifiait l'un et l'autre à sa vengeance ; il était et devait être sans pitié pour une aussi déloyale trahison.

Laure, les joues chaudes encore, et marbrées de baisers, reçut son mari avec la plus inconcevable tranquillité d'âme ; la figure aussi calme que si elle n'avait aucun reproche à se faire, elle le gronda même sur sa longue absence. Elle le conduisit vers ses enfans, qu'elle livra à moitié endormis aux embrassemens de leur père.

Quand je descendis, Julien vint à moi et m'embrassa avec épanchement : « Mon cher Arthur, je suis content de te revoir, combien je suis reconnaissant de tes bontés pour ma famille. » Pendant le déjeûner, je le regardais froidement; je sentais que je ne l'aimais plus. Tenez, il y a d'implacables pensées, de hideux secrets dans le cœur d'un homme qui en trahit un autre.

Les premiers jours du retour de son mari, Laure fut craintive, dissimulée; j'en éprouvais une joie secrète, j'espérais que cette dissimulation entretiendrait la sérénité de Julien. Bientôt, fatiguée de se contraindre, elle redevint ce qu'elle était, insoucieuse, étourdie, à chaque instant c'était de nouvelles imprudences. Tantôt elle me serrait la main tandis que je causais avec son mari; à table, son genou cherchait le mien; d'autres fois, au moment de partir, elle me glissait un billet; je tremblais d'être découvert. Mon unique sauve-garde était la confiance de Julien, mais les inconséquences de Laure pouvaient tout compromettre, nous jouions sur le bord d'un abîme, la terre s'ébranlait sous nos pieds, il y avait du sang dans ces jeux de l'amour.

Ma position devenait chaque jour plus menaçante. Un jour je vis Julien entrer chez moi, il paraissait fort ému, son regard était froid, son ton sec, il me dit : «Sortons, je veux te parler.» Quand nous fûmes seuls, il me regarda long-temps ; puis, rompant brusquement le silence : « Je viens te parler de ma femme. » Mon regard devint faux et lâche comme celui d'un voleur qu'on prend sur le fait; je n'osais le regarder en face, tellement j'étais effrayé de ce qu'il allait me dire.

« Depuis mon retour, j'ai fait une étrange découverte. Le croirais-tu? j'ai laissé Laure bonne épouse, tendre mère, et je la retrouve froide, glacée pour moi, indifférente pour ses enfans, aimable pour tout le monde, excepté pour son mari. Dis-moi donc à quel génie infernal je dois attribuer ce changement? A qui dois-je la perte de l'affection de ma femme, que j'aimais tant? Le premier, le plus doux besoin de mon cœur, le bonheur de ma vie! Oh! j'en ai la preuve, elle ne m'aime plus!»

Je vis des larmes couler sur son visage.

Lorsque je vis ces larmes, je crus sentir des griffes de fer me déchirer le cœur; j'eus un moment l'envie de lui dire: « C'est moi, oui, c'est moi qui t'ai trompé, venge-toi!

— Je crois que Laure m'a trahi pendant mon absence. D'une tendresse calme, sans doute, mais vraie, on ne passe pas subitement à une indifférence profonde ; à une préoccupation incessante, à un empressement extrême à éviter ma présence; si j'étais sûr qu'elle m'eût trompé ! je....; mais, non, sans bruit, sans éclat, sans colère je m'en séparerais pour toujours. Pour passer la vie auprès d'une femme, il faut l'aimer, la respecter, avoir de la confiance, de l'estime pour elle. Sans amour, sans confiance, sans estime, le mariage est un supplice, un enfer; quant à moi, je n'en veux point, des soupçons sans cesse renouvelés me feraient mourir de désespoir.

Je lui répondis avec beaucoup de calme :

« Derbaux, écoute; plus qu'un autre encore tu dois redouter les entraînemens de ton caractère. Ta femme est jeune, légère, elle entre à peine dans la vie; ne vas pas, sur les simples apparences d'un refroidissement qui vient peut-être de toi le premier, t'en séparer pour toujours, et priver tes enfans d'une excellente mère. Tends-lui la main; Julien, parle-lui des souffrances de ton cœur, rends-lui ta confiance; tu verras, le bonheur et son amour te reviendront, cette vie est si rapide! avez-vous donc si long-temps à rester ensemble? Songes-tu à tous les maux que tu appelles sur tes enfans, par de déplorables exemples, par une funeste séparation? Prends, donc garde, Julien, que ton caractère jaloux, que cette horrible disposition du cœur a tous les dangers de l'ivresse, qui obscurcit ou grossit les objets qui nous environnent au gré de ses caprices. Après cela, mon ami, n'y a-t-il pas des momens, dans les mariages les plus heureux, où l'amour sommeille? Pourquoi veux-tu que ta femme ait pour toi le même amour qu'elle eut dans les premiers temps de votre union? Sois toujours jeune, toujours aimable comme tu l'étais alors, elle t'aimera comme elle t'aimait autrefois. »

Julien ne m'écoutait pas, il passait sa main sur son front : «Pauvre ami, tes paroles n'y peuvent rien; je ne m'abuse pas, je suis trahi! .....

» Demain, Arthur, je donne une fête à Argenteuil. Ma femme est dans une sécurité profonde; elle ne se doute pas que mes yeux la suivront partout pour découvrir son secret. Voilà cinq ans que je suis son mari; je l'ai comblée d'amour, de bonheur; j'ai satisfait toutes ses fantaisies; je l'ai élevée à une brillante position sociale, entourée du respect, de la considération de tous; elle y renonce, malheur et honte pour elle! Préoccupé des intérêts de mon commerce, elle ne trouve pas chez moi l'esprit, l'amabilité des gens du monde, mais en l'épousant j'ai promis de faire la fortune de mes enfans avant de faire fortune dans un salon. Je ne sais, mais il me vient à l'âme des pressentimens que demain de graves événemens vont décider du sort de ma vie..... Il me tendit la main, je suis heureux de posséder un ami dévoué comme toi, Arthur ; tu me rendras un dernier service, tu connais mon âme ardente et jalouse ; si la colère m'emportait, arrête mon bras..... rappelle-moi que je suis un honnête homme, que je dois laisser à mes enfans une réputation pure, qui ne soit pas tachée de sang.

IX.

Le Bal à la campagne.

Il y aura un violon.

(Lettre d'invitation.)

Le bal à la campagne était charmant ; l'orchestre jouait les plus jolies contredanses de Musard, arrangées sur des motifs pris dans des opéras nouveaux ; on avait posé des fleurs partout, les lustres portaient des couronnes de roses, les femmes étaient belles, les toilettes élégantes, quelques-unes avaient du rouge, des diamans étincelans; d'autres des plumes légères, ou la dépouille de l'oiseau de paradis qui ondoyait gracieusement sur leur tête; auprès des dames, des fashionables empressés, penchés, souriant des yeux et des lèvres, leur débitant d'aimables paroles; il y avait du plaisir, du bonheur, de l'énivrement sur tous ces visages; c'était peut-être une joie courte, passagère; le faux-semblant du bonheur; mais ce bal offrait un aspect joyeux et animé. Julien seul, souriant à tout le monde, portait l'enfer dans son sein. Je le suivais des yeux, je voyais ses tourmens, son anxiété, ce désespoir étouffé prêt à éclater au premier soupçon.

Pour m'étourdir sur cette sinistre épreuve,

je me plaçai dans l'embrâsure d'une croisée, et j'écoutais causer deux jeunes dames ; leur conversation était tournée à l'épigramme, mais la plus amère et la plus cruelle : elles parlaient de Mme Derbaux ; l'une, son amie, disait à l'autre. « Vous voyez bien, ma chère, ces fleurs artistement posées sur ses beaux cheveux noirs, ce corsage de satin bleu de ciel, qui découvre si avant ses blanches épaules, cette écharpe de gaze jetée avec tant de grâce en arrière, tout cela est pour plaire à son petit Eugène Dailly ; il ne la quitte plus, il passe ses journées entières auprès d'elle ; c'est un jeune homme dont elle achève l'éducation amoureuse, elle en est folle. »

Voilà ce qu'on appelle dans le monde des amies ! on les reçoit dans son salon, on les invite à son bal, en passant auprès d'elles on leur dit des paroles pleines d'affection, de flatteries, et dans ce même salon, à quelques pas de vous, elles versent sur votre personne les poisons de la plus cruelle médisance, les bruits les plus injurieux; ce serait à en frémir, si, un lendemain de bal, on pouvait entendre les horribles propos qui ont circulé sur de pauvres et innocentes femmes, c'est ainsi, cependant, que le monde est fait, et le beau monde. A cette réflexion je m'arrêtai brusquement: Est-ce bien à toi à penser ainsi? toi! souviens-toi donc de cet infâme article du...... C'est toi qui veux juger des jeunes femmes, intolérantes sans doute, mais au fond, qui médisent pour parler, pour causer; propos légers qui s'évanouissent avec la nuit du bal, qui ne frappent que l'air, tandis que toi!.

Laure faisait avec grâce les honneurs de la soirée; gaie, heureuse, elle animait la fête par son exemple; je la voyais paraître dans un galop, fière et belle comme une vaporeuse figure d'un rêve; en passant près de moi elle me jetait des regards passionnés, des regards qui semblaient me dire : « Mon cœur, ma pensée, mon amour, tout est à toi, et à toi seul. »

Je dansai plusieurs fois avec la jolie nièce de Mme Derbaux, et pendant qu'elle levait les yeux sur moi, qu'elle me racontait ses impressions du bal, mon souvenir allait errer sur le lit aux grands rideaux verts; je voyais encore toutes ces beautés de jeune fille innocente, qui ne se doutait pas que j'avais surpris ses secrets. Ce souvenir me la rendait plus belle, plus virginale; en regardant les beaux yeux d'Irma, je me posais cette question : « Une femme est-elle plus belle au bal, parée de fleurs, de gazes, que sans parure, sous de grands rideaux verts? » Au moment où j'allais résoudre la question en faveur des rideaux verts, j'apercus les fleurs que Laure avait porté dans sa main pendant toute la soirée, passées dans celle d'Eugène, il en respirait le parfum, il les savourait avec délices et paraissait heureux de posséder ce bouquet; les paroles piquantes de l'amie de Mme Derbaux me revinrent à la pensée, cette préférence obtenue sur moi excita ma jalousie; j'en pris de l'humeur comme aurait pu le faire un mari; j'allais, je crois, en faire des reproches à Laure, lorsque je me sentis saisir brusquement par le bras, je me retourne, c'était Julien.

« Arthur, dis-moi un peu à qui appartient ce ruban noir et ce lorgnon que je viens de découvrir à l'instant dans le secrétaire de ma femme? J'ai profité de ce moment pour visiter sa chambre, et j'ai trouvé ceci enveloppé d'un papier rose, sur lequel elle a tracé quelques mots ; vois ce ruban noir, vois ce lorgnon, vois donc ces horribles preuves de sa trahison ! »

Eperdu de terreur à cette vue, croyant à chaque instant qu'il allait me dire : Mais, ce ruban, c'est le tien.... c'est toi qui est l'infâme ; horriblement épouvanté, je fis un effort incroyable pour me rendre maître de ma stupeur, voulant à tout prix détourner les soupçons de Derbaux ; je lui dis avec le sang froid d'un meurtrier qui n'a pas de témoin contre lui en justice : « Julien, promets-moi de commander à ta colère, promets-moi du calme, de la raison, et je te nommerai celui qui a donné à Laure ce gage d'amour.

— Parle, dit Julien, en me serrant le bras avec violence, je suis calme, maître de moi... parle. « Alors, m'armant du courage atroce des dénonciateurs. « Regarde, le coupable est celui qui en ce moment tient dans ses mains le bouquet de ta femme!... » et je lui désignai Eugène.

— Je le soupçonnais! il laissa tomber mon bras, ses lèvres étaient contractées, ses yeux lançaient du feu! il porta sa main dans son sein; je crus un moment voir briller la lame d'un poignard.

Tout cela se passait dans la salle de bal, sous l'orchestre, pendant qu'il jouait les airs les plus suaves, que son aspect devenait plus brillant, que la danse donnait plus de joie à ces heureux du monde! dans ce moment, Eugène, le bouquet de Mme Derbaux dans son gilet, d'une manière visible, s'approcha de nous, son regard était doux, mélancolique.

Julien pâlit, regarda fixement le jeune homme, qui ne parut pas prendre garde à cette effrayante émotion ; Julien restait toujours dans la même position, sa main placée sur sa poitrine.

J'eus peur d'un crime, ma situation devenait anxieuse, quand Eugène, très-rapproché de Julien, lui dit : « Vous me voyez bien triste, Monsieur Derbaux.

— Eh, pourquoi? répondit froidement Julien! — Hélas, dans trois jours je pars pour les États-Unis! je vais à New-York, fonder une maison de commission; je l'ai demandé moi-même à mon père ; c'est triste de quitter ainsi la France, et pour long-temps; de dire adieu à ses amis au milieu de la joie du bal, d'une aussi brillante fête; je vous regretterai beaucoup, Monsieur, ainsi que Mme Derbaux, qui est la meilleure et la plus aimable des femmes; mais la nécessité de faire sa fortune l'emporte sur toutes les affections; c'est une condition du bonheur, aujourd'hui, que d'être riche, c'est obligé; après cela, dans dix ans j'espère revoir la France.

Pendant qu'il parlait avec cette franchise, cette sérénité qui révélait avec tant d'évidence l'innocence de son âme, l'absence des passions, Julien laissa tomber sa main et dit au jeune homme : « Comptez-moi au nombre de ceux qui vous regretteront et feront des vœux pour votre bonheur.

— Je le sais; j'ai toujours eu une vive affection pour vous et votre famille; je tiens à la conserver, ainsi que votre estime, monsieur. » Ils se serrèrent affectueusement la main : Eugène disparut.

» Tu t'étais trompé, ce n'est pas lui; il n'eût pas échappé à la puissance de mon regard ; j'ai sondé trop avant dans son âme; coupable, à son âge, il n'eût pas osé me regarder ainsi ; au reste, je sais un moyen infernal pour découvrir le misérable qui est venu porter le trouble et l'infamie dans le sein de ma maison, je suis décidé à le tenter; il m'en coûte beaucoup! il y va de ma vie, car je la sens s'éteindre sous le poids des tortures qui m'accablent! grand Dieu! avais-je mérité cette affreuse destinée!... »

L'orchestre jouait le galop, nous vîmes passer devant nous Laure et Eugène, Laure nous salua de la main, souriant comme une femme heureuse; les portes du salon étaient ouvertes sur la terrasse, le galop tout entier glissa, comme une ombre, sous la salle des grands marronniers, je le vis disparaître dans la nuit, j'entendis les bruyans éclats de joie, puis quelque chose reparut tournoyant et sautant, c'était le joyeux galop qui rentrait au salon.

Ce bal se termina à cinq heures du matin.

X.

Le Poignard.

... Les passions sont les mêmes au quinzième siècle qu'au dix-neuvième, et le cœur bat d'un sang aussi chaud sous un frac noir que sous un corcelet d'acier.

(ALEXANDRE DUMAS.)

Le lendemain, Derbaux était dans une exaspération impossible à décrire. C'était comme un homme qui arrive au paroxysme de la fièvre. Il venait à moi : « Que me conseilles-tu? que faut-il faire? aide-moi donc à découvrir ce misérable; j'ai besoin de sa vie; j'ai besoin de me venger. Comprends-tu ce besoin de mon âme? Mais, j'y songe, mes enfans.... ne sont peut-être pas les miens; peut-être sont-ils à un autre? quelle odieuse pensée! je ne pourrai plus les embrasser sans entendre une voix qui me criera : ce ne sont pas tes enfans. Oh, l'effroyable supplice! l'infâme vie! Que les hommes l'ont bien nommé ce crime : Adultère! Adultère! entends-tu?.... que de crimes il faut commettre avant d'arriver à ce dernier : l'adultère! Je te le déclare, Arthur, ils m'ont volé le bonheur de ma vie! ils ont empoisonné jusqu'à ces innocentes caresses que je prodiguais avec tant d'amour à mes enfans. Mais, malheur à eux!... Voici une arme qui me vengera.» Il me montra un poignard qu'il tenait caché dans son sein; en fit briller la lame devant moi et en mit la pointe sur l'extrémité de son doigt : « Avant peu, dit-il, en me regardant, elle sortira fumante de la poitrine de cet homme; tu la verras tachée de son sang. »

Je voulus lui faire comprendre que le mal n'était pas aussi profond qu'il le croyait; qu'une femme pouvait se compromettre à ce point de recevoir ou donner un gage d'amour, consentir à entendre des galanteries; presser même la main d'un homme, sans pour cela se livrer entièrement; que dans une disposition d'esprit aussi exaspérée, il lui était impossible de juger sainement la conduite de sa femme. Il ne m'entendait pas, il ne m'écoutait plus. La persuasion ne pouvait pénétrer dans cette âme irritée, il se trouvait sous la puissance d'une idée fixe : la trahison de sa femme et la vengeance. On conçoit quelle devait être mon horrible situation.

Dans l'après dîner, Derbaux revint encore et me dit : « Demain je vais faire subir une rude épreuve à ma femme. Nous verrons comment elle la supportera, je veux qu'elle meure de désespoir, ou qu'elle me dise le nom de son séducteur.

— Quel est ton projet?

— Tu l'apprendras plus tard, si je ne te le dis pas, c'est que je ne suis pas content de toi; je trouve que tu la défends avec une persistance inexplicable. Cela n'est pas bien, Arthur, c'est une sorte de complicité. Un véritable ami devrait agir autrement. Au lieu de m'aider à découvrir le suborneur de ma femme, par des paroles insidieuses, tu égares mes convictions, ce n'est pas bien.

—Julien, avant de me rappeller que tu es mon ami, je dois me souvenir que tu es père, que tu as des devoirs à remplir, que tu dois à tes enfans une réputation d'honnête homme, que tu déshonorerais en la souillant d'un meurtre.

—Où donc as-tu pris ces belles maximes, qu'un mari est déshonoré quand il ne fait qu'user de son droit? les lois et la société lui pardonnent. Quoi, tu voudrais qu'on pénétrât impunément dans le sein d'une famille, qu'on séduisît la femme de son hôte, qu'on la flétrît, la dépravât! Tu sais ce que c'est qu'une femme qui a cédé une première fois? et en échange de ses vertus, qu'on remplît son cœur des vices les plus odieux; qu'on donnât à son mari des enfans qui ne sont pas les siens, qui, un jour voleront le bien de ses véritables enfans ; et tu veux qu'on lui dise, merci, peut-être? mais c'est un contrat tacite entre le mari et le séducteur : tu me voles ma femme, si je te surprends, je te tue. On sait la chance à laquelle on s'expose; seulement on riait avant que le mari se fût vengé, quand il y a un cadavre à ses pieds, on ne rit plus. Oh! vois-tu? là-dessus, je suis inexorable : je t'assasssinerais toi-même, toi, mon meilleur ami, si tu me trompais. »

A ces atroces paroles, je compris qu'il était impossible de faire pénétrer un éclair de raison dans le cœur de Julien. Fatigué de sa présence continuelle, déchiré de craintes, de remords, redoutant à chaque instant que le fatal secret ne se découvrît, je partis pour Villiers-le-Désert, et prévins que mon absence durerait huit jours.

XI.

Villiers-le-Désert.

Mon beau pays, mon frais berceau,
Air pur de ma verte contrée,
Lieux où mon enfance ignorée
Coulait comme un humble ruisseau.
(DESBORDES-VALMORE.)

Après avoir traversé le Bois de Vincennes, où Saint-Louis rendait la justice sous un vieux chêne, et laissé sur la gauche son pittoresque château, vous rencontrez Saint-

Maur, village qu'on prendrait pour une rue de Paris. Puis, vous prenez sur la gauche, vous passez sur un pont tout neuf qui va rejoindre la grande route qui conduit droit à Villiers-le-Désert, assez triste campagne, mais que j'aime parce que mon père y possédait une jolie maison, où nous allions passer la journée du dimanche; je l'aime parce qu'il me rappelle de doux souvenirs de mon enfance. Après cela, ce village est plus champêtre que tous les autres qui environnent Paris; il n'est pas encombré de promeneurs, d'équipages, de fiacres, de diligences, de coucous faisant voler une atmosphère de poussière, si bien que l'air vous manque à la campagne. Mon manoir, ou plutôt l'antique maison paternelle, se trouve située sur les dernières terres qui forment les confins du village, se rapprochant du château que possédait ce malheureux duc de Trévise, pauvre victime tuée au hasard par un exécrable scélérat qui a reculé les bornes de la perversité humaine; bon et aimable voisin! je ne le rencontrais jamais sans lui dire : « Eh bien, monsieur le Maréchal, quand m'acheterez-vous donc mon vieux manoir? Vous en ferez une bonne ferme. —Nous verrons, un de ces jours je vous ferai une proposition, je consulterai la Maréchale. »

Cette diabolique maison avait un aspect effrayant; un violent orage en avait démoli la moitié, elle était assez isolée, adossée à un bois, c'était un véritable coupe-gorge. Soit qu'elle me vînt de mon père, soit que ces ruines, ce désordre, cette solitude convînssent aussi à la nature de mon esprit, qui passe avec une extrême facilité, d'une folle gaité à une tristesse profonde, je me décidais difficilement à la vendre.

Dans le pays, on la désignait sous le nom de la maison de la grande religieuse; on prétend que la nuit on avait souvent aperçu une femme vêtue de noir, d'une haute stature, traverser lentement les jardins, longer la lisière du bois, et disparaître ensuite. J'ai très-souvent couché dans cette maison, je n'ai jamais rien vu ni entendu. Il faut dire qu'elle est gardée par un vieux soldat qui a laissé la moitié de son visage à Austerlitz, et un bras à Wagram; il est tellement balafré, si étrangement laid, qu'il ferait peur au Diable. Jérôme, un gros chien de garde, des rats et des hibous, étaient les seuls habitans du manoir.

Depuis deux jours, j'étais arrivé à Villiers, j'avais envoyé Jérôme à Paris chercher mes lettres; le soir approchait, placé dans un grand fauteuil, sous le manteau de mon antique cheminée, les deux pieds dans le feu, j'attendais avec quelqu'impatience mon vieux serviteur, lorsque je le vis entrer, il me remit une lettre : elle était de Laure! Je posai la lampe près de moi, je me penchai, et sous la puissance de la plus excessive émotion, je lus :

« Mon ami, quand tu recevras cette lettre, » peut-être serai-je morte? chassée de la » maison, que sais-je? que doit-il m'arriver? » la vie, la mort, l'ignominie,... je l'ignore. » Arthur, que j'ai souffert, que je suis mal- » heureuse! écoute l'horrible état de mes » souffrances.

» Deux jours après la fête d'Argenteuil, » mon mari revint brusquement de Paris, à » deux heures de l'après dîner. Il pleuvait, » je m'étais retirée dans la salle à manger, j'y » travaillais, mes deux enfans assis à côté » moi. Il entra sans embrasser ses enfans, » qui se mirent à ses genoux, en lui criant » innocemment : papa! papa embrasse-nous » donc? Il sonna avec violence ; la femme » de chambre parut : emmenez ces enfans. » Ils jetèrent des cris de désespoir, les por- » tes se fermèrent les unes sur les autres, on » n'entendit plus rien. Il s'approcha de » moi, son visage avait une expression de » fausse gaîté ; il se mit à sourire, j'étais » tremblante, très-pâle, mais résignée ; car, » tu le sauras, Arthur, je ne manque pas » d'un certain courage. Mon mari s'assit en

» face de moi, et me dit en phrases courtes, » serrées : Voulez-vous faire la paix ? — » Je le veux bien. — Nous avons des en- » fans. — J'y pense tous les jours. — Nous » devons songer à leur avenir. — C'est un » devoir. — Le monde a des paroles hideuses, » flétrissantes pour celle qui trompe un » honnête homme; on arrive si promptement » au terme de la vie! ce n'est pas la peine » de le quitter au milieu du voyage. — Je » me le dis souvent. — Eh bien! Laure, ajou- » ta-t-il en élevant la voix, il y a un moyen » de laisser à ta fille une réputation de » bonne mère, il y a un moyen de ne pas te » séparer de tes enfans; nous ne serons pas » amis, mais nous ne nous quitterons pas; » nous vivrons ensemble pour qu'on ne dise » pas que tu as vécu séparée de ton mari.

» un mot, et je te pardonne, autant qu'un » mari peut pardonner. — Que voulez-vous? » qu'exigez-vous de moi? — Son nom, et je » pardonne. — Jamais! — Laure, je t'en » prie, le nom de celui qui t'a donné ce ru- » ban? oh, dis-le moi! — Jamais! vous dis-je; » tuez-moi....., je ne le dirai jamais! Que je » meure pour assouvir votre horrible ven- » geance, mais son nom ne sortira pas de » ma bouche. »

« Eh bien! dit-il avec fureur; oui, tu en » mourras de désespoir; tiens, regarde. Il » ouvrit son gilet, et je vis un large ruban » noir en travers de sa poitrine. Ce ru- » ban, tu l'auras sans cesse sous les yeux, » je veux qu'il te rappelle ton crime; les » rideaux de ton lit, les meubles de ton » salon seront pavoisés de rubans noirs;

» celui-ci, je te le montrerai sur ma poi» trine, jusqu'à ce que tu me dises son nom, » entends-tu, son nom? la nuit, je veillerai » près de toi pour le surprendre à ton som» meil; le jour, je m'attacherai à tes pas, » pour que tes yeux me livrent ce nom que » je veux, entends-tu? que j'exige. Ah! » vous avez joué avec le crime, mais le » crime vous tuera; je veux vous rendre » tous les maux que vous m'avez faits, en» tendez-vous? Je voulus lever sur lui des » yeux supplians, pleins de larmes, je vis » des flots de rubans noirs s'élancer sur » moi pour m'étouffer.

» Une dernière fois, son nom?

» — J'aime encore mieux mourir.

» — Indigne!.. Il s'éloigna.

» Lorsqu'il fut parti, j'éprouvai une crise

» de nerfs si violente, que ma femme de » chambre, arrivant à mon secours, eut » peine à me reconnaître, tellement mes » traits étaient défigurés; je te laisse à pen- » ser quelle nuit, quelles angoisses; je le » voyais toujours à mes côtés, épiant les » paroles qui pourraient m'échapper pour » surprendre ton nom, et toujours ces si- » nistres rubans noirs.

» Le lendemain, il descendit au salon, se » plaça vis-à-vis de moi, ouvrit son gilet et » me montra le ruban noir; terrifiée par » cette vue, je lui demandai en grâce de » rentrer dans ma chambre, il ne me répon- » dit pas, je m'éloignai seule dans mon ap- » partement; j'écrivis à mon frère que je » voulais me séparer de mon mari, qu'il » eût à venir me chercher de suite, qu'il y

» allait de ma vie. J'attends sa réponse.

» Adieu, Arthur ; malgré tout ce que j'ai » souffert, tu m'es encore plus cher; oui, tu » es toujours mon bien aimé, le seul souve- » nir qui puisse rafraîchir mon sang, et me » faire oublier l'horrible ruban noir. »

» Ton amie,

» LAURE. »

A la lecture de cette lettre, je restai anéanti; mon cœur se brisait dans ma poitrine, je maudis mes funestes passions, je voulais aller m'offrir aux coups de Julien.. Enfin des larmes vinrent à mon secours, je passai la nuit à répondre à Laure, je la priai d'attendre quelques jours pour laisser calmer cette première irritation de son mari, que j'irais ensuite lui parler, que je conservais l'espérance de le lui rendre et à ses enfans. Le matin, je fis partir Jérôme, en lui recommandant de remettre la lettre à Laure elle-même, et de revenir le soir, il me donna sa parole de vieux soldat qu'il reviendrait.

XII ET DERNIER.

Les deux Amis.

> Regarde-moi, il est une race de mortels qui, dès le jeune âge, anticipent sur la vieillesse ; regarde-moi, je suis du nombre de ces mortels.
>
> (BYRON.)

Quand vint la nuit, le paysage prit un aspect sombre; une légère vapeur couvrait la prairie, les bois offraient des masses grises, confuses, on eût dit que la nature avait revêtu une robe de deuil.

Jérôme était parti le matin, et n'était point encore revenu ; huit heures étaient déjà sonnées à la vieille horloge de la cuisine, une secrète inquiétude commençait à me gagner. Jérôme, en allant à Paris, avait la malheureuse habitude de s'arrêter chez tous les marchands de vin, il y faisait de longues stations, oubliait les commissions, et ne revenait que fort tard dans la nuit, mes recommandations avaient été pressantes, j'espérais que cette fois il ne les aurait pas oubliées.

La nuit tomba tout-à-fait; j'étais seul, le chien de garde avait suivi Jérôme; je me promenais dans le jardin, d'où l'on apercevait quelques lumières briller à travers les vitres des dernières maisons du village; en examinant ces lumières, qui ressemblaient à des étoiles, je vis une sorte d'ombre noire passer à peu de distance devant moi, et disparaître dans les ruines ; je fus saisi d'une telle frayeur, que je restai immobile et terrifié, ne voulant pas en croire mes yeux, regardant si je la reverrais encore ; je me rappelai l'histoire de la religieuse et les bruits répandus sur elle ; j'eus besoin de tout l'effort de ma raison, pour me dire que c'était sans doute quelque mendiante du village, qui venait prendre un gîte la nuit dans les ruines, ou peut-être l'effet d'une imagination frappée ; mais, voyez la puissance de la peur, moi, brave au grand jour, moi, qui n'estime guère ma vie et qui l'aurais livrée dix fois au suicide si je n'avais pas eu des croyances profondes, arrêtées, je fus saisi de terreur, d'effroi ; je rentrai dans la cuisine, je mis un arbre tout entier dans la cheminée, je fermai la porte au verrou, j'allumai mon cigarre, je m'ensevelis dans mon large fauteuil, et j'attendis Jérôme.

J'espérais que l'ardeur du feu, la fumée de mon cigarre, m'arracheraient à de tristes pressentimens, à ces émotions indéfinissables qui semblaient m'avertir que cette nuit il devait m'arriver un événement terrible. Je regardais le foyer comme le poète, cherchant à découvrir dans le feu ardent des charbons des images riantes; mon imagination n'y découvrait, au contraire, qu'une foule d'horribles figures qui semblaient se pousser les unes sur les autres; il y eut un instant où je crus entendre une voix plaintive me parler à travers la serrure de la porte; j'écoutai, c'était le vent qui mugissait contre les arbres du jardin ; le souvenir de Laure me vint à la pensée; où est-elle?...... que fait-elle en ce moment?... son mari l'a tuée!... si c'était sa voix?... si elle était morte?... cette mort va peser sur mon cœur, son sang va rejaillir sur moi, oh! elle est morte! Cet horrible mot, morte! je le prononçais sans cesse, malgré moi, avec un accent solennel, monotone, comme la voix d'un prêtre qui prie pour un mort.

Je ne m'appartenais plus, le plus léger bruit, le moindre coup frappé à la porte m'eût glacé d'effroi; le vent devint plus fort, il ébranlait les volets avec une sorte de furie; j'entendis la girouette violemment chassée, grincer en tournant au gré de l'orage; l'horrible nuit! les heures ne s'écoulaient plus; et Jérôme qui ne revenait pas; si j'avais eu près de moi un être vivant, j'aurais échappé aux impressions funestes qui venaient m'assaillir; mais, non, j'étais seul, sans défense contre les pensées les plus noires, les plus effrayantes.

Je me décidai pourtant à ouvrir la porte pour entendre si Jérôme n'arrivait pas; la nuit était profonde, les lumières du village éteintes; l'orage grondait au loin, ses grondemens étaient sourds et puissans comme la tempête sur une mer qui se gonfle et déroule ses vagues. Jérôme ne reviendra donc pas! dis-je, tristement en refermant la porte, peut-être a-t-il été assassiné sur la route. Une fois en proie à ces tristes pensées, l'âme se livre tout entière aux plus sinistres prévisions.

Je revins près du foyer, je m'enfonçai de

nouveau dans mon large fauteuil et cherchai à m'endormir; une sorte de sommeil fiévreux allait me saisir, lorsque j'entendis distinctement au-dessus de ma tête les pas lourds d'un homme quitraversait ma chambre, je me levai brusquement; oui, c'était un homme, je l'entendis descendre lentement les escaliers; cette fois, ce n'était plus une illusion de mes sens, le bruit approchait, il touchait la dernière marche. Eperdu, hors de moi, je sentis un courage frénétique renaître dans mon âme; je m'emparai du fusil de Jérôme placé dans un des coins de la cuisine, je pris la lampe, et me dirigeai vers la porte; j'allais l'ouvrir, lorsqu'à travers les vitres je distinguai des traits bien connus!.... oh, c'était lui!.... Julien Derbaux, il était là..., il avait arraché à Laure son secret..., il venait pour me tuer! je tournais la clef, je voulais l'enfermer dans le vestibule, il brisa un carreau, passa sa main et ouvrit la serrure. Je vis Julien ou plutôt le spectre de la mort! une effrayante vision! ce que mes yeux devaient voir de plus horrible sur la terre!

Julien avait les cheveux épars....., son regard, la pâleur, la décomposition de ses traits, sa pose, le poignard qu'il tenait à la main..... tout me glaçait d'horreur et d'épouvante.

A bas ton arme, me dit il; ses yeux lancèrent des éclairs, sa main fit un geste menaçant.

Je jetai mon fusil au loin.

Il approcha de moi, je reculai; il approcha encore, je reculai toujours; nous tournâmes ainsi autour de la table de cuisine; lui, en me regardant avec le plus atroce sourire; moi, lâche, anéanti, cherchant à fuir. Tout-à-coup il s'écrie : « Je viens ici pour te tuer, et me tuer ensuite. »

Je ne sais quelle pensée de repentir, de résignation me vint au cœur.

Julien se jeta sur moi, m'arracha ma cravate, ouvrit mon gilet, découvrit ma poitrine, y posa la lame de son poignard : « Voyez la sueur froide qui découle sur ce pâle visage!.. Voyez cette terreur du crime! infâme! que tu m'as fait de mal! j'avais une femme que j'idolâtrais, tu es venu me la ravir, tu as perdu sa vie, la mienne! que t'avais-je fait? du bien! tu m'avais trouvé à l'heure du malheur. Oui, c'est infâme; dis-moi s'il y a dans la langue un mot plus cruel, que j'en frappe ton visage, que j'en souille ton âme.

—Julien, tue moi!

— Je me suis fié à toi, j'ai mis ma femme sous ta garde, tu m'as trahi! j'étais le plus heureux des hommes, j'en suis devenu le plus malheureux! et c'est à toi! à toi! grand Dieu! à lui!...... Exécrable monde! il faut te quitter, il faut mourir. » Sa main s'agitait convulsivement, je sentais le froid de son arme glisser sur mon sein découvert.

— Frappe! et ne me fais pas ainsi souffrir!

— Frappe! frappe!........ As-tu souffert aussi long-temps que moi? Sais-tu combien de nuits d'angoisses, de désespoir tu m'as fait passer?

—Écoute-moi, Julien, la mort ne m'épouvante pas; tu peux me tuer; mais puisque tu veux mourir, ne meurs pas couvert de mon sang; tu as trop souffert pour ne pas espérer une autre destinée! que ton âme s'envole pure et souffrante de ce monde, point de sang! la vie m'est odieuse! donne-moi ton arme, je me frapperai, tu me pardonneras et nous mourrons ensemble.

Je vis Julien chanceler, ne pouvant se tenir sur ses jambes; j'approchai à la hâte un fauteuil, il me dit d'une voix entrecoupée: « Ce matin je voulais mourir seul,... j'ai pris du poison.... comme je souffrais horriblement.... la fièvre, le délire, se sont emparés de moi,... je me suis dirigé de Paris jusqu'ici pour te tuer,.. oh! que je souffre, où est-elle!... si au moins j'avais sa tête dans mes mains pour la maudire! Dieu me vengera; tu as raison point de sang. Adieu, le pardon expire sur mes lèvres, je ne peux pas pardonner!... ta main.... je meurs! » Il expira.

Je tombai à ses genoux, je couvris ses mains de larmes.. Me pardonnes-tu? malheureux ami; dis, me pardonnes-tu? il ne répondait plus, ses yeux étaient baissés sur moi, troubles, fixes; l'âme qui les avait animés s'était élevée vers un monde meilleur.

On frappa rudement à la porte, c'était Jérôme; j'ouvris, il recula d'horreur quand il vit le corps de mon malheureux ami; je revins à ses genoux, je ne voulais plus m'en séparer. Jérôme, aidé de deux voisins qu'il fut chercher, me transporta sur mon lit; toute la nuit, je fus en proie au plus affreux délire, je voyais sans cesse Julien, Laure, des rubans noirs qui m'enlaçaient la poitrine, m'étouffaient! J'essuyais mes mains que je croyais tachées de sang. Le jour parut, j'étais plus calme, mais très-faible.

Jérôme entra dans ma chambre, et me dit : « Monsieur, le juge de paix, assisté des deux témoins de cette nuit, est venu constater le décès de M. Derbaux; il m'a dit de vous faire signer ce procès-verbal; l'on a trouvé sur lui une lettre qui explique la cause de sa mort; il paraît que son intention était de vous tuer et de se tuer ensuite. Dans cette lettre, il renvoie les personnes intéressées à sa succession, chez M. Noël, notaire à Paris ; n'ayez au reste aucune crainte, M. Derbaux explique très-clairement, que le matin même, il avait pris du poison.

— Que m'importe! dis-je.

—Vous saurez encore, Monsieur, qu'en ce moment, un huissier, accompagné de deux recors, procède à la saisie de vos meubles et de votre propriété; hier, dans vos bureaux à Paris, on m'a remis la signification d'un jugement qui l'autorise.

— Comment! un huissier saisit en ce moment mes meubles?

—Oui, monsieur; et dans un instant, à l'exception de votre lit et du mien, il ne restera rien à votre disposition. »

Je me jetai hors du lit, je pris Jérôme au collet, je le secouai avec fureur: « Mais c'est donc l'enfer que cette vie? Tout à la fois, un ami qui vient mourir sous mes yeux, dont la mort va remplir ma vie d'amertume, de remords; puis des huissiers qui viennent me faire subir l'humiliation la plus flétrissante, une saisie de meubles!... les meubles que je tiens de mon père, pollués, souillés par des mains d'huissier! imbécile! qui va chercher l'enfer dans un autre monde! mais il est ici, sur cette terre! entends-tu? sur cette terre. Dieu n'a pas créé deux enfers, deux vengeances, deux justices... Ah! Jérôme, prends pitié de ton pauvre maître, il est bien malheureux!

— Monsieur, dit tristement mon fidèle invalide, voici encore une lettre que je suis chargé de vous remettre, ce n'est pas de Mme Derbaux, qui s'est retirée chez son frère, où elle ne veut recevoir personne, on l'a remise à vos bureaux, hier à midi. »

J'ouvris la lettre.

» Monsieur,

» Je vous prie de vous rendre demain à

» six heures du matin à l'entrée des Champs-» Élysées, j'ai à vous demander une explication des propos que vous avez tenus sur » moi, au dernier bal de madame Derbaux, » comme elle ne pourra vraisemblablement » pas me satisfaire, je vous engage à amener » des témoins avec vous. Obligé de partir » dans trois jours, je désire obtenir demain, » sans délai, l'entrevue que j'ai l'honneur de » vous demander.

» Agréez l'assurance de ma considération » distinguée.

» Votre serviteur,

» EUGÈNE DAILLY. »

— Un duel! eh bien, soit, un duel! »

Le soir je rendis à Julien les derniers devoirs; je l'accompagnai à sa dernière demeure, le cœur brisé de douleur, déchiré de remords. Je partis immédiatement après pour Paris.

A six heures du matin j'étais aux Champs-Élysées. Eugène ne se fit point attendre ; il n'y eut point d'explication, nous partîmes pour le bois de Boulogne. Arrivés à un endroit écarté, on nous plaça à vingt-cinq pas; Eugène devait tirer le premier, il fit feu : la balle me fracassa le bras ; je tombai, mais en conservant toute ma connaissance.

« A votre tour, monsieur, tirez. »

Je répondis, non, et j'enfonçai le canon de mon pistolet dans la terre.

Transporté chez moi, je restai trois mois au lit, à me guérir de cette blessure qui m'avait brisé le bras gauche ; j'eus le temps de remettre mes affaires en ordre, et de retrouver un peu de tranquillité d'âme.

Six mois s'étaient écoulés depuis la mort de Derbaux, il me prit fantaisie d'aller au dernier bal de l'Opéra. On tirait la tombola, il y avait un grand nombre d'hommes, mais peu de femmes ; j'étais aux secondes loges, lisant avec un joli domino noir les billets qu'il tenait à la main ; tout-à-coup un cri partit de je ne sais quelle bouche, un cri qui fit vibrer les cœurs de tous ceux qui l'entendirent, tant il y avait de joie et d'émotions heureuses dans la voix de celle qui le jetait. L'effet qu'il produisit sur moi fut celui d'une commotion électrique ; je venais de reconnaître cette voix, cette femme, c'était Laure!..... Je ne me trompais pas ; elle avait enlevé son masque, et se désolait de son erreur ; le numéro sorti n'était pas le sien. Trois jeunes gens l'entouraient, qui ne se lassaient pas de rire de sa déception. Je ne l'avais jamais vue plus riante, plus heureuse, d'une gaîté plus folle.

Pauvre Julien! dis-je, la regardant avec pitié; c'était bien la peine de te tuer; une femme coquette vaut-elle la vie d'un homme bon et sensible! Pour être heureux dans ce monde, il faut se bronzer, s'égoïsmer le cœur, n'y rien laisser pénétrer de vrai, de profond, ne pas aimer une seule femme avec franchise; car, si elle est coquette, un jour elle vous trahira.....

PROMENADE PHILOSOPHIQUE

A L'ÉGLISE DE FOURVIÈRES,

A LYON.

Promenade Philosophique

A L'ÉGLISE DE FOURVIÈRES.

Je vous salue, Marie, pleine de grâce,
le Seigneur est avec vous.

Avez-vous éprouvé quelquefois le besoin d'échapper à ce bruit qui vous vient de la foule répandue dans les rues? à ce roulement incessant des roues de voiture, si bruyant sur un pavé en caillous durs et sonores? à ces causeries de salon et de café, sur la politique? qu'on est heureux, alors, de trouver un lieu où l'on puisse se promener seul, pour jouir à pleine âme de ce bonheur intime de se retrouver avec ses pensées et ses rêveries ; comme on se sépare avec plaisir de cette vie de comptoir, de cette vie d'affaires, pour se livrer, par un chemin isolé, à de douces et rêveuses pensées !

J'étais dans cette disposition d'esprit, lorsqu'il me prit fantaisie, il y a quelques jours, d'aller visiter Notre-Dame de Fourvières.

Je me dirigeai d'abord vers la montée Saint-Barthélemy ; en passant, je jetai un regard sur la vieille rue de la Juiverie, ainsi nommée parce que des Juifs vinrent s'y établir dans le huitième siècle. Ce fut aussi dans cette rue, sous le règne de Charles VIII, qu'on célébra de magnifiques tournois ; qui croirait, à l'aspect de cette noire et sombre rue, que des dames d'honneur, des troubadours, des chevaliers ont rempli son enceinte, parés de plumes et d'étoffes brillantes, ou couverts d'armures étincelantes, la lance et l'épée à la main ; aujourd'hui, silencieuse, sombre, autrefois animée et retentissante de joyeuses fanfares qui applaudissaient les vainqueurs des tournois. Sous les Médicis, des Italiens que le commerce attirait dans notre ville, y firent construire plusieurs maisons ; elle devint la résidence des plus riches négocians de l'Europe, et des plus célèbres magistrats de la cité ; il en existe encore trois qui rappellent les traditions de l'architecture des quinzième et seizième siècles ; la première produit un singulier effet, avec ses têtes bizarres appliquées sur la façade; on remarque plus avant dans cette rue, la galerie couverte pour lier deux hôtels, construite par notre célèbre Philibert de Lorme à son retour d'Italie.

A peine avez-vous parcouru une partie de la montée Saint-Barthélemy, vous voilà sur les frontières du domaine de la bonne Vierge; à droite et à gauche vous apercevez des marchands de chapelets, de livres de dévotion, d'*ex-voto*, des jambes, des bustes en cire; vous y voyez même de petits tableaux faits d'avance, à l'usage de ceux qui tombent dans la rivière ou qui se cassent les jambes; c'est là, je l'espère, une sage prévoyance; vous riez...... aujourd'hui on rit de tout; on se moque de tout. La philosophie a tout détruit avec ses désespérantes doctrines, que nous a-t-elle mis à la place des croyances qu'elle a chassées de nos cœurs? quel bonheur nous a-t-elle donné? quand donc viendra l'âge d'or qu'elle nous a promis? doit-elle aboutir à l'abbé Châtel, à Fournier, au Père Enfantin? devons-nous encore espérer d'autres prophètes?

A moitié de la montée de Saint-Barthélemy, on voit sur la gauche le dépôt de mendicité; ce jour là, une jeune dame quêtait à la porte de l'établissement, je m'empressai de lui donner ma modeste offrande. L'un des membres de l'administration m'ayant reconnu, me fit entrer et parcourir l'intérieur des salles, je ne pus m'empêcher de le féliciter sur l'ordre, la tenue et la propreté qui régnaient dans ce dépôt de mendicité, considéré plutôt comme maison de correction que comme l'asile de l'indigence et de la vieillesse.

Bonnes âmes, qui aimez à soulager le malheur, pour qui la vue d'un mendiant, étalant ses infirmités dégoûtantes dans la rue, est un spectacle qui afflige le cœur, allez porter le denier de la charité au dépôt de mendicité. Ce n'est point une œuvre de dévotion, une œuvre de religion que la création de cet établissement, mais une œuvre d'humanité; religion, humanité, qu'importe? ce sont deux divinités que je confonds l'une avec l'autre.

Au moment où j'examinais la Breda, charmante maison de campagne, dont on a fait un couvent de religieuses; je remarquai la trace des boulets qui avaient à moitié détruit son pavillon, aujourd'hui restauré, lorsque je vis passer près de moi une jeune fille vêtue de bleu; jupe et corsage bleus, chapeau bleu et le châle blanc. Hélas! qu'elle était pâle, la jeune fille! que ses lèvres étaient blanches! son regard se portait à l'extrémité de la montée, et semblait exprimer toute la lassitude qu'elle éprouvait à franchir un si long espace; elle s'arrêtait souvent, et se reposait sur le bras de la personne qui l'accompagnait.

Pauvre jeune fille! la médecine, la science n'avaient pu la guérir; il ne lui restait plus au monde que son amour, sa confiance en Notre-Dame de Fourvières: pour lui plaire, elle avait pris la livrée de la Vierge, la robe et le chapeau bleu. Froide philosophie! laisse à la pauvre fille la robe bleue et Notre-Dame de Fourvières : c'est sa foi, son espérance, sa consolation ; toi, tu n'as pas de consolation pour la jeune fille qui se meurt.

Je marchais lentement.

Je vis encore passer près de moi un monsieur d'un âge avancé ; je le reconnus pour un ancien conseiller à la Cour Royale, qui avait refusé ses sermens à la révolution de Juillet. Il donnait le bras à une dame que je vois souvent à la promenade des tilleuls de Bellecour. Le vieux conseiller et sa noble dame allaient en pélerinage à l'église de Fourvières pour demander à la Vierge une troisième restauration. La légitimité, représentée par ces deux personnages, avait le dos voûté, portait perruque, et suait à grosses gouttes.

Je les regardais, en souriant, se diriger vers la chapelle : Vieux enfans, m'écriais-je, qui rêvent une révolution, et vont s'agenouiller devant un autel pour demander à Dieu de soulever une dernière fois cette malheureuse France ! c'est bien avec des prières et des messes qu'on fait aujourd'hui des révolutions; voyez la république, au moins elle est logique; elle descend sur la place publique, tue ou se fait tuer, et fait ou prépare ainsi des révolutions pour l'avenir. Allez, ils sont loin de nous, les temps où, avec des cierges, des messes, des prières, on changeait la face des empires.

J'arrivai sur le plateau où sont posées l'église de Notre-Dame de Fourvières et la tour de l'observatoire; à côté de cette chapelle si vénérée, on apercevait des fusils en faisceaux et des soldats réfugiés dans la première pièce de la tour. Beaucoup de curieux examinaient les ravages récemment causés par les boulets qui avaient frappé sur la toiture et les angles de l'église. Pendant les dernières journées d'avril, des insurgés s'étaient emparés de deux pièces de canon du fort Saint-Irénée ; ils s'étaient embusqués sur la terrasse de Fourvières, d'où ils tiraient sur les troupes qui stationnaient sur la place de Bellecour, sans blesser un soldat. On commanda à deux compagnies de voltigeurs de tourner cette position, et de s'en emparer. Dès que les insurgés aperçurent les soldats, ils s'enfuirent ; deux seulement restèrent malgré les instances du sacristain, qui leur disait qu'ils se feraient tuer ; mais, soit lassitude, soit découragement ou la crainte d'être pris dans les enclos qui avoisinent l'église, ils voulurent rester ; placés derrière un pilier ils attendaient leur sort. Les voltigeurs entrèrent la baïonnette en avant : ces deux hommes allaient être infailliblement égorgés, lorsque l'officier ordonna qu'on les fît prisonniers et qu'on les conduisît à la préfecture.

Cette modeste église de Fourvières, assise sur le sommet de la colline, fut fermée pendant la révolution, et vendue comme bien national; le cardinal de Fesch, après l'avoir achetée, l'a rendue à sa première destination. S. S. Pie VII en fit l'ouverture en 1805, en y célébrant la messe. Du haut de la terrasse il donna la bénédiction pontificale à la cité.

La façade de cette chapelle est d'une simplicité qui la fait ressembler à une paroisse de village. On voit encore incrustés dans ses murs, des pierres blanches, tirées du forum de Trajan, dont elles occupent l'emplacement ; on les reconnaît à leur couleur. On entre par un soubassement du plus triste aspect. A ce nom si ancien de Fourvières, il semblerait qu'on devrait retrouver dans ce monument le beau luxe d'architecture du moyen-âge, ces arceaux pendans, ces ogives, ces colonnes terminées par une riche sculpture. A l'exception de quelques boiseries dorées qui décorent l'intérieur du chœur, les riches dentelles qui couvrent l'autel, rien n'annonce la merveilleuse puissance de la Vierge à laquelle cette chapelle est consacrée.

En entrant dans l'église, j'y retrouvai la jeune fille dont la figure était si pâle et si blanche. Elle était à peu de distance du chœur, près d'un pupître chargé de petits cierges jaunes allumés, ensevelie dans le plus profond recueillement, les deux genoux sur une chaise basse, les mains jointes: elle priait; son âme était plongée dans l'extâse, cherchant Dieu dans le ciel, rêvant un bonheur ineffable, intime, éternel. Une auréole flamboyante semblait s'élancer de ses yeux fiévreux, quand ils se levèrent sur la Sainte-Vierge! incompréhensibles pensées de l'âme chrétienne, qui sembleraient indiquer son immortelle destinée! Est-ce la philosophie qui donnerait de telles pensées à la jeune fille mourante? je la regardais avec attendrissement; je craignais de la troubler, cette belle âme, de la distraire de sa brûlante adoration : qu'elle était pieuse, sainte et belle, la jeune fille!

En parcourant l'intérieur, il vous vient

de singulières pensées, on se croirait vraiment transporté dans un autre siècle; on est tenté de se demander si cette profusion de tableaux, d'ex-voto, de cierges allumés, et ces fidèles, pieusement agenouillés aux pieds des autels, ne rappellent pas les premiers âges de l'Église? la religion est là ce qu'elle était il y a des siècles. Je n'avais conservé aucun souvenir de cette chapelle; je croyais la trouver belle, parée; plus je l'examinais, moins je la trouvais digne d'une souveraine aussi puissante; ses murs, il est vrai, sont chargés de nombreux tableaux, une lampe y brûle sans cesse; de pieux fidèles prient avec ferveur aux pieds de ses autels, mais rien de gothique du moyen-âge; rien de merveilleux, d'inspirateur.

O Grégoire de Nanzianze, Saint Origène,

Saint Augustin, Saint Jérôme, et vous tous illustres Pères de l'église chrétienne; et toi, Saint Thomas de Cantorbéry, fondateur de ce vénérable lieu, apprenez que la plus puissante des Vierges, celle dont les nombreux miracles ont balancé ceux Notre-Dame de Lorette, de Saint-Jacques de Compostelle, est logée dans la plus simple des demeures : Cette bonne Vierge qui rapporte, à elle seule, 12,000 fr. par mois à la métropole, est négligée et si pauvrement vêtue, qu'on la prendrait pour une Vierge de village.

Que sont ces tableaux, ces grossières peintures qui couvrent les murailles de la chapelle? dignes au plus des temps de l'enfance de l'art; dégoûtantes et humiliantes compositions! est-ce donc ainsi qu'on ose peindre la mère de Dieu? est-il permis de la faire descendre à ces formes indignes, ignobles?.. Merveilles des arts, ravissantes compositions des grands maîtres de l'école d'Italie! inspirations divines, reproduites sur la toile, ce temple devrait être le vôtre. O Raphaël! toi dont les sublimes tableaux seront aussi immortels que la Vierge qui préside en ces lieux. Léonard de Vinci, le Corrège, Annibal Carrache, le Guide, vous tous, illustres maîtres, dont les pinceaux ont produit des formes si pures, si belles que l'imagination ne pourrait rien rêver de plus céleste, de plus beau, de plus parfait! voyez comment on a osé peindre la mère du Dieu des chrétiens, cette suave et ravissante figure de vierge.

Je comprends qu'une église n'est pas un musée; que le pauvre diable qui se sent guéri de la fièvre, après s'être voué à la sainte Vierge, n'est pas tenu de faire peindre sa miraculeuse guérison par un Perrugin ou un Annibal Carrache, ni même par MM. Orsel ou Soulary; mais il y a abus et impiété à recevoir des compositions aussi ignobles, et permettre l'introduction de certains tableaux que des cabarets ne voudraient pas pour enseigne.

Dans cette église on ne voit ni monument, ni tombeaux, ni d'anciennes inscriptions. La Vierge, sa mystérieuse puissance, sa protection constante pour ceux qui ont foi et confiance en elle, est la seule pensée qui préoccupe l'âme. Seulement en voyant les dalles usées de la chapelle, en songeant à toutes les générations qui se sont succédées et sont venues se prosterner aux pieds de ses autels, on se demande avec émotion :

Le hasard! le hasard seul a-t-il pu produire autant de miracles? ces innombrables tableaux cloués sur les murs seraient-ils d'innombrables mensonges?

Des mensonges de huit siècles!...

La vérité n'est pas née d'hier, dit l'abbé Cœur; le mensonge, au contraire, jouet du caprice, du hasard, ne dure pas des siècles.

En sortant de l'église de Fourvières, j'entrai dans la tour de l'Observatoire, où l'on est admis moyennant une pièce de vingt sous

La hauteur de la tour est de 680 pieds au-dessus du niveau de la Saône, et de 109 au-dessus du sol. Du haut de cette tour se présente un des plus beaux points de vue dont on puisse jouir en France. On découvre les vallons et les plaines immenses du Dauphiné, terminés par des montagnes couvertes d'une neige éternelle. A ses pieds, monumens de la civilisation, des ponts en fer, des palais, de nombreux clochers, la cathédrale Saint-Jean, les façades régulières de la place de Bellecour; c'est un coup-d'œil ravissant.

De ce point élevé, placé sur cette immensité de pays que vous dominez majestueusesement, les souvenirs du vieux Lyon vous arrivent en foule ; c'est là que fut le berceau de cette antique cité ; ce fut ici que César s'arrêta quand il vint faire la conquête des Gaules; la ville était alors si peu de chose, qu'il ne daigna même pas en parler dans ses commentaires.

Où sont les traces des quatre grandes voies romaines que fit ouvrir Agrippa, on en découvre encore çà et là quelques restes, au-dessus de la porte Saint-Georges; dans les bois de roi, près de Jussieu, belles ruines qui ont résisté aux efforts des siècles! qu'est devenu le forum de Trajan, dont on a fait fort Viel, puis Fourvières, les palais d'Auguste et de Sévère? quel aspect devait avoir cette merveilleuse cité assise sur le sommet de la colline.

Vue du haut de la tour, la ville de Lyon paraît terne, bizarrement contournée, enveloppée d'une robe antique. Quel contraste avec les belles et riches campagnes qui l'environnent! Les profonds et magnifiques paysages qui sont à ses pieds! nul Panorama ne peut donner une idée de cette richesse, de cette animation et de cette poésie!

En descendant de la tour, j'allais dire un dernier adieu à Notre-Dame de Fourvières. Je m'aperçus que le drapeau national avait disparu du clocher. Je songeai en souriant aux vœux du vieux conseiller....

O bonne Vierge! m'écriai-je, toi dont la puissante protection éloigne de nos murs l'horrible fléau qui moissonne les population du Midi! toi qui sembles nous défendre, sous les longs plis de ton manteau d'or, des terribles atteintes de ce mal redoutable! pardonne au drapeau de la France, en faveur de la gloire qu'il sut acquérir sur tous les champs de bataille! Tu peux être fière d'en parer ton clocher, toutes les puissances de l'Europe s'abaissèrent jadis devant lui! on le vit flotter du nord au midi! Sans doute qu'il rappelle de funestes journées!

sans doute qu'il fut souillé de sang! Mais noble et bonne Vierge, quelle est donc la bannière qui n'en fut pas tâchée?

LA CROIX NOIRE,

ÉPISODE FANTASTIQUE DE LA GUERRE D'ESPAGNE.

La Croix Noire.

ÉPISODE DE LA GUERRE D'ESPAGNE.

A peu près à trois lieues de distance de la ville de Barcelonne, en suivant la chaîne des montagnes qui courent au Sud, sur un plateau formé par des rochers qui s'avancent en promontoire au-dessus de la mer ; existe une vieille chapelle dédiée à saint Lorenzo; en cet endroit le paysage est affreux, profond, sans verdure, seulement on aperçoit quelques arbres courbés par les vents; puis des rocs à pic, nus, déchirés, d'un aspect sauvage, quelques-uns ressemblent à des saints de pierre, agenouillés sur la terre, priant sans cesse, pendant que les flots de la mer battent et se renouvellent éternellement dans le fond des abîmes creusés sous la montagne? A la première vue de la chapelle dont la couleur s'harmonise et se confond avec les rochers qui l'entourent, il est impossible de se défendre d'une vive émotion, hélas! on sait que c'est près de cette église solitaire que des Espagnols ont assouvi leur féroce vengeance, par d'affreux supplices, sur les malheureux soldats qui tombaient entre leurs mains; que d'imprécations, d'horribles blasphêmes, d'outrageantes paroles ont dû s'exhaler dans cet infernal coupe-gorge.

L'épouvantable mort que celle d'un soldat qu'on mutile, qu'on déchire, qu'on fait mourir en détail, par le fer et le feu! mort sans gloire, sans couronne, et sans ce ciel qui s'ouvrait à la foi des martyrs.

A peu de distance de la chapelle, on voit un chêne séculaire, dont les vigoureux rameaux s'étendent au loin; ses verdoyans feuillages, son tronc noueux est déchiré par mille blessures; les balles ont sillonné son écorce, et le chêne toujours verd, est encore le plus beau de toute la contrée; on raconte sur lui des choses merveilleuses, et sur l'antique chapelle de saint Lorenzo; on dit qu'à l'approche des orages on a vu des fantômes sortir de cette chapelle, se promener silencieusement autour du vieux chêne et disparaître; à vrai dire, il n'y a pas à craindre que personne s'avise de venir s'assurer de la vérité du fait; le paysan catalan qui traverse de nuit le petit sentier qui tourne la montagne, ose à peine lever les yeux sur la redoutable chapelle, il s'en éloigne en murmurant une prière, et parcourant à la hâte les grains de son chapelet; un faible bruit, un oiseau de nuit qui frapperait l'air de ses ailes, suffiraient pour le jeter à la renverse, tellement son âme est préparée à la terreur et à la superstition; malheur au voyageur qui exprimerait un doute sur ces prétendues apparitions, il s'exposerait infailliblement à se faire assassiner; de toutes les raisons, pour convaincre quelqu'un, la plus forte et la plus puissante.

La toîture de la chapelle semble posée, comme par enchantement, sur de minces et hauts piliers; ses dalles laissent apercevoir quelques caractères gothiques à moitié effacés, qui rappellent les noms des anciens seigneurs enterrés dans les caveaux de l'église. Des saints de pierre, grossièrement sculptés, sont placés dans des niches; ils portent, comme le vieux chêne, de nombreuses cicatrices. Cependant, à la Saint-Lorenzo, la vieille chapelle paraît se rajeunir; l'autel est paré de fleurs; l'on y chante une grand'-messe; les habitans des environs s'y rendent processionnellement et la foule remplit son enceinte; puis, le lendemain, elle est rendue à sa solitude ordinaire.

A la fin de la guerre de 1814, déjà quelques régimens avaient évacué l'Espagne pour rejoindre l'empereur qui se battait à Montereau et à Montmirail ; nos troupes se repliaient sur les environs de Barcelonne, lorsqu'un soldat français qui avait échappé à une guérillas, vint prévenir le colonel du 49e régiment de ligne que trois voltigeurs avaient été pris par les Espagnols, suspendus par les pieds aux branches du vieux chêne de la chapelle de Saint-Lorenzo, et tués à coups de hache; que cette troupe s'était barricadée dans la vieille chapelle, où probablement elle passerait la nuit. Le colonel ordonna aussitôt à deux compagnies de voltigeurs de se jeter dans la montagne, de cerner la chapelle, et de l'attaquer à la pointe du jour. Les voltigeurs partirent immédiatement et arrivèrent de nuit au pied de la montagne. De nombreuses sentinelles furent placées dans toutes les directions ; on attendit avec impatience le jour pour venger ces malheureux soldats.

La guérillas se composait d'environ cent hommes ; connaissant tous les avantages de leur position, ils s'y étaient fortement retranchés, résolus d'en faire une sorte de citadelle, d'où ils pourraient s'élancer sur l'ennemi, ou de s'y défendre jusqu'à la dernière extrémité. Ils ne tardèrent pas à apprendre l'arrivée des Français ; eux aussi, remirent au lendemain la défense, et jurèrent qu'elle serait terrible. On entendait les crosses de fusils tomber sur les dalles retentissantes. La lune éclairait cette étrange scène d'une lumière bleuâtre. Ces hommes ressemblaient à des fantômes s'élançant de leurs tombeaux ;

un grand drapeau rouge suspendu à un pilier, flottant au-dessus de ces têtes, fouettait l'air de ses longs plis. Cette scène était sombre, et d'une horrible poésie.

Un jeune prêtre aux sourcils noirs, dont les regards ardens rayonnaient sur des joues blanches et creuses, monta sur les marches de l'autel. Il étendit les mains et appela la protection du ciel sur ces défenseurs du sol de la patrie. Qu'ils étaient affreux, les vœux du jeune prêtre, qui, les yeux levés vers le ciel, lui demandait l'extermination des Français. Des paroles de sang et de meurtre s'échappèrent de la bouche de ce ministre d'une religion dont le divin fondateur a prononcé ces sublimes paroles : « Tous les hommes doivent s'aimer, se conduire en frères à l'égard les uns des autres. »

Le prêtre récita la prière du soir ; elle fut répétée par les assistans dont les voix sourdes ressemblaient aux mugissemens des vents d'hiver dans les hautes forêts de sapin. Mais, bientôt, la fatigue, le sommeil, jetèrent sur les dalles ces hommes; alors le silence devint morne et profond.

L'aube allait paraître; de larges bandes de nuages noirs se montraient à l'horizon, des rayons de feu semblaient les soulever pour éclairer la terre ; le soleil allait bientôt se montrer splendide, radieux. Les Espagnols étaient déjà debout : le capitaine parcourait les rangs, distribuait des cartouches, excitait les soldats par des gestes, des paroles à se défendre vaillamment; il leur parlait de Dieu, de la Vierge Marie, de Ferdinand, de la haine qu'il portait aux Français, et des récompenses qu'ils devaient attendre de lui.

Tout-à-coup un coup de fusil se fit entendre ; c'était le factionnaire espagnol qui se repliait sur la chapelle, et annonçait l'attaque des Français.

« Aux armes, aux armes ! » s'écria le capitaine. Chacun se prépara au combat. On fit circuler un crucifix de rang en rang ; le prêtre montra le drapeau aux guérillas ; l'embrassant avec transport, les yeux pleins de larmes, il s'écria :

« Drapeau de la patrie! cause sainte et sacrée, religion de nos pères! qu'il est doux de mourir pour vous ! mon Dieu, protège ce drapeau ! protège ces hommes qui se dévouent pour sa défense, leurs femmes, leurs enfans ! que la terre engloutisse les ennemis de mon pays. »

La porte de la chapelle s'ouvrit impétueusement, et en ce moment on vit à cent pas environ, les deux compagnies de voltigeurs, éparpillés sur la montagne. Le feu s'engagea avec vigueur; les Français, commandés par le capitaine Rauzan, s'avancèrent d'abord avec incertitude; ils craignaient une surprise de quelques détachemens, embusqués dans les rochers ou les plis que formait le terrain. On envoya des hommes fouiller les environs, ils rapportèrent que les Espagnols étaient en partie, renfermés dans la chapelle, dont les murs étaient crénelés, les croisées garnies de tirailleurs, et les autres adossés contre les murs. Alors, les Français attaquèrent avec plus de franchise, s'avancèrent hardiment et furent accueillis par une fusillade meurtrière. Les Espagnols tiraient juste, et se défendaient avec une rare intrépidité. Retranchés derrière les sinuosités du terrain, les taillis, les rochers qui enveloppaient la chapelle; masqués par le gros chêne, à chaque instant ils mettaient des hommes hors de combat. Le capitaine des guérillas était partout; il se multipliait, parcourait tous les rangs pour exciter les soldats. Cette chapelle devenait inabordable.

Cependant, les voltigeurs gagnaient du terrain, ils n'étaient plus qu'à vingt pas du gros chêne. Une fusillade plus vive encore s'engagea sur ce point; des tourbillons d'une fumée bleuâtre semblaient couvrir les combattans. Un sergent des voltigeurs s'avança à dix pas du vieux chêne, et planta un guidon rouge; trente coups de fusil partirent à l'instant sur l'intrépide sergent, on le crut tué. Lorsque le vent eut emporté la fumée qui le cachait à tous les yeux, il reparut aux regards de ses camarades, chargeant tranquillement son arme à découvert, et servant de but aux coups des Espagnols.

« Nom de Dieu ! s'écria le capitaine, sergent, repliez-vous sur les voltigeurs. »

Paulet se rapprocha de ses camarades. En ce moment, les guérillas résolurent de faire une sortie ; cinquante des plus déterminés se précipitèrent en masse et pénétrèrent jusques vers le capitaine, dont le schako fut renversé par un coup de feu. Celui-ci s'apercevant que ce mouvement dégarnissait l'entrée de la chapelle, rallia ses voltigeurs et les jeta en masse, au pas de course, sur la porte de l'église. Là, il y eut un moment d'hésitation. Les Espagnols étaient rentrés à la hâte; de nouveau, le large portail, la bouche ouverte et béante, vomissait la mort comme la gueule d'un canon. Mais l'audace et la bravoure des Français l'emportèrent; la position fut enlevée à la baïonnette. Il y eut un pêle-mêle sanglant, on s'y tuait à l'arme blanche, ou plutôt on s'assassinait. Par intervalle, des coups de feu retentissaient dans la chapelle, c'était un Espagnol qui faisait une résistance trop opiniâtre, qu'on achevait à coups de fusil. Tous furent exterminés, on ne fit grâce à personne. Les Français étaient furieux de l'infâme supplice qu'ils avaient fait éprouver à leurs malheureux camarades. Aussi, furent-ils tous mis à mort.

Le combat terminé, les rangs se reformèrent, le capitaine Rauzan se dirigea vers Paulet, et le prenant par la main, en présence des deux compagnies, il lui dit :

« Paulet, tu es un brave; embrasse-moi, je demanderai la croix pour toi.

— Merci, capitaine, dit le sergent en rentrant modestement dans les rangs. »

On s'occupa d'enterrer les morts.

Deux heures après ce terrible combat, les Français et les Espagnols qui avaient été tués furent déposés sous le vieux chêne, et à un petit monticule de terre fraîchement remuée, qui formait juste l'espace qu'ils tenaient eux-mêmes, personne ne l'eût soupçonné.

Cependant, on disait que le capitaine de la guérillas était parvenu à s'échapper, ainsi que le jeune prêtre, on ne les avait pas retrouvés parmi les morts.

L'intérieur de la chapelle offrait un triste spectacle ; les dalles étaient humides et trempées de sang ; les murs couverts de débris de cervelles, de cheveux incrustés dans la pierre ; plusieurs figures de saints étaient horriblement mutilées. Sur l'autel on voyait un superbe Christ en cuivre argenté ; il restait encore debout sur son piédestal, quoiqu'il eût été plié en deux par une balle ; un groupe de voltigeurs examinait avec surprise cette sorte de miracle, quelques-uns même faisaient d'odieuses plaisanteries sur la position du Christ.

La nuit revint, on distribua des vivres, on apporta de la paille fraîche ; chaque voltigeur prit la place qui la veille avait été occupée par un guérillas; ils s'y endormirent avec l'insouciance du soldat français, qui ne pense qu'au moment présent.

La nuit était belle, au nord le ciel était pur ; les étoiles scintillaient avec un éclat pareil à celui dont elles brillent dans une nuit d'hiver. Autant la journée avait été saisissante, remplie d'événemens, d'émotions, autant le soir était calme et silencieux. A l'exception du vent qui courait dans la bruyère et murmurait à travers les ruines de la chapelle, rien ne troublait ces tristes solitudes. L'obscurité cependant n'était pas assez profonde pour qu'on n'aperçût pas au loin quelques voiles blanches qui sillonnaient la mer; et dans la profondeur des montagnes quelques feux qu'on supposait être ceux de troupes anglaises nouvellement débarquées.

Le voltigeur Chopin était de faction près du portail; appuyé sur son fusil, il attendait silencieusement que sa dernière heure de faction fût écoulée. Assis auprès, sur un banc de pierre, le sergent Paulet, celui qui s'était vaillamment battu, fumait sa pipe, son schako près de lui ; les bras croisés, il examinait au loin les feux de l'ennemi.

CHOPIN.

Sergent, savez-vous les bruits qu'on fait courir sur la vieille chapelle? on a dit dans la compagnie qu'elle servait de retraite à des revenans, des fantômes, que sais-je? les cinq cents diables! Avez-vous vu des fantômes, vous qui avez fait la guerre d'Italie?

LE SERGENT PAULET.

Non; des imbéciles, oui ; mais pas de fantômes.

CHOPIN.

C'estque, vraiment, j'en voudrais voirun, seulement pour l'histoire de rire et savoir comment ça court. Ce sont les curés qui débitent cescontes là, ensuite les autres la gobent.

PAULET.

Possible !

CHOPIN.

Pourquoi donc que ces corbeaux se mêlent toujours de ce qui ne les regarde pas?

PAULET.

Qu'est-ce quecela te fait, à toi ?

CHOPIN.

Faut pas vous fâcher, sergent; c'est une manière de voir à moi.

(Après un moment de silence.)

Dites-donc, sergent, savez-vous que c'est dur à tuer ces chiens d'Espagnols; blessés à mort, ils se défendent encore.

PAULET, avec mélancolie.

Que veux-tu, mon pauvre Chopin, c'est le fanatisme.

CHOPIN.

Quest-ce que c'est donc que le fanatisme?

PAULET, finissant sa pipe, et la frappant dans le creux de sa main.

Dame! le fanatisme, c'est comme qui dirait de l'eau-de-vie; quand la dose est trop forte, que ça coule dans les veines, ça vous porte à la tête; les idées deviennent rouges, ardentes, couleur de sang; alors un homme se fait tuer pour son roi Ferdinand, pour sa religion, et autres bêtises comme ça; ou bien ils vous tuent un homme derrière un buisson, aussi tranquillement que toi, le matin, tu prends ton petit verre.

CHOPIN.

Où donc que cela se vend, cette liqueur?

PAULET.

Ce sont les curés qui en tiennent boutique.

CHOPIN.

Est-ce que vous aimez les curés, vous?

PAULET.

Pas précisément.

CHOPIN.

Il en faut pourtant. Sans celui de mon

village, qui a fait ma première éducation, (celle avant le régiment) qui m'a appris à lire, à écrire ; je n'aurais jamais deviné que là haut dans le ciel, il existe un Dieu.

PAULET, remettant son schako, et rentrant dans la chapelle.

Imbécile! ton ciel est vide.

La nuit devint plus sombre; les voiles disparurent dans l'obscurité, les feux s'éteignirent. Chopin se promenait l'arme au bras, lorsqu'il crut apercevoir une sorte de flamme blanche sauter de branche en branche sur le vieux chêne, faible, vacillante, puis disparaître tout-à-fait. Notre voltigeur, quoique très-brave, se rappela l'histoire du fantôme; inquiet, ses yeux restaient fixés sur la lumière; tout-à-coup il se sentit saisir brusquement par un bras vigoureux ; jeté à terre, on lui mit un genou sur la poitrine, on lui fit une croix sur le front, et l'homme ou le fantôme disparut. Chopin se releva avec précipitation, fit feu; le second factionnaire fit également feu, au même instant trente voltigeurs accoururent...... Mais on ne vit personne.

Pourquoi donc as-tu fait feu? s'écria le sergent Paulet, d'une voix irritée. Chopin répondit : qu'un homme, ou plutôt un fantôme, s'était élancé sur lui, l'avait saisi par derrière, renversé, et qu'en se relevant il avait fait feu sur le fantôme.

« Le fantôme! murmura le sergent; est-ce qu'il y a des fantômes pour des voltigeurs? Caporal, qu'on change les factionnaires, et qu'on ne se laisse pas surprendre. Nous sommes sur le terrain de l'ennemi, il y va de l'honneur du régiment, et de notre vie à tous, entendez-vous? »

Le reste de la nuit fut calme.

Le lendemain, quelle fut la surprise des camarades de Chopin, lorsqu'ils virent sur son front une croix noire très-bien dessinée. Chopin ne pouvait le croire : il se rendit à une fontaine voisine et aperçut la croix; il trempa son mouchoir dans l'eau, se frotta vivement le front, la croix n'en devint que plus belle; il plongea sa tête dans la fontaine, il ne put en effacer la trace. Tous les efforts qu'il faisait pour la faire disparaître, semblaient, au contraire, lui donner un nouvel éclat; il était honteux, désespéré; ses camarades cessèrent leurs plaisanteries.

Le soir, le capitaine instruit de cet événement, fit venir Paulet, et lui dit :

« Sergent, un peu avant minuit, vous placerez en faction près du gros chêne, et à côté du portail, deux des voltigeurs les plus adroits tireurs, les plus déterminés de la compagnie ; vous leur recommanderez de se tenir sur leurs gardes. Examinez leurs armes. Je désire que la scène d'hier ne se renouvelle pas.

A onze heures du soir, Paulet releva lui-même les deux factionnaires, plaça les deux voltigeurs, et leur fit les recommandations les plus énergiques.

Le factionnaire placé près du portail était un de ceux, qui, les premiers, avaient pénétré dans les décombres de Sarragosse, alors que les Espagnols avaient transformé chaque maison en une forteresse; le second, à la bataille d'Albuféra avait tué, de sa main, un colonel anglais, en tête d'un régiment de cavalerie : c'était un des hommes les plus hardis de la compagnie.

Le factionnaire adossé contre le vieux chêne, restait tapi, silencieux, regardant du côté des rochers, son fusil armé, le doigt sur la détente. L'autre, appuyé contre le portail, était courbé comme un chasseur à l'affût, ouvrant des yeux comme un loup, prêt à s'élancer sur la première proie qui se présenterait.

A minuit, le fantôme parut.

Les soldats firent feu en même temps : Paulet, qui s'attendait à une alerte, s'élança hors de la chapelle, en courant, il se trouva face à face avec le fantôme, qui allait se glisser contre les murs et disparaître. Au même instant, il se sentit saisir par des bras de fer ; le fantôme l'enleva, le précipita sur la terre, le broya sous ses pieds, et d'une main vigoureuse, lui fit une croix profonde sur le front, il disparut ensuite, protégé par une complète obscurité. Un morceau de sa robe resta dans les mains du sergent, qui, en la froissant avec rage, la sentit tomber en poussière.

Tonnerre de Dieu! s'écria Paulet, c'est donc le diable qui s'en mêle? Il prit ses moustaches, et se les arracha dans une violente exaspération.

Le capitaine Rauzan, avec ses voltigeurs, sortit de la chapelle ; il ordonna une battue générale, fit partir des patrouilles dans tous les sens. On parcourut tous les environs, une grande partie de la montagne, on ne découvrit aucune trace du fantôme.

« Paulet, dit le capitaine en rentrant, vous avez mal rempli mes ordres ; je vous avais dit de placer des hommes sûrs. Je suis très-mécontent de vous. Trois contre un, et laisser échapper un homme !....

On ne se conduit pas ainsi quand on a l'honneur de porter des galons de sergent dans le 49e de ligne, entendez-vous, Paulet ?

—Oui, capitaine, répondit Paulet, d'une voix émue et sombre ; oui, je vous ai compris. »

On apporta des flambeaux, le sergent montra ses mains rouges, brisées ; la croix noire qu'il portait sur le front. Le capitaine sourit dédaigneusement, et se retira de mauvaise humeur.

Quand le jour parut, on vit Paulet appuyé contre le portail. Il avait veillé le reste de la nuit; sa figure était pâle, abattue; ce n'était plus la colère qu'elle exprimait, mais une résolution ferme, inébranlable; il s'avança vers le capitaine, détacha froidement ses galons : «Capitaine, voici mes galons, je demande à être ce soir de faction.

— Paulet, hier, dans un moment d'humeur dont je n'ai pas été maître, je t'ai offensé, j'en suis fâché; aujourd'hui, à l'appel, je réparerai cette faute. Que veux-tu, mon ami, la colère m'a emporté, et mes paroles ont dû te blesser. Tiens, donne-moi ta main, qu'entre-nous tout soit oublié. Ne sais-je pas que tu es un des plus braves soldats de l'armée, et d'une armée, Paulet, qui fait honneur à la France. Allons, oublie ce que j'ai pu te dire, reprends tes galons.

— Non, capitaine, dit le sergent d'un ton résolu. Il n'y a pas de paroles au monde qui pourraient me les faire reprendre, fussent-elles de l'empereur : Voyez ma joue, elle a été souillée par la main d'un homme ; voyez mon front, cette croix qui m'a stygmatisé comme le fer du bourreau sur l'épaule d'un forçat ; c'est de la honte qui ne peut se laver que dans le sang. Si je n'avais l'espoir de me venger cette nuit, je me serais fait sauter la cervelle. Après cela, capitaine, il y a des paroles qui frappent au cœur ; ces blessures sont mortelles. Aussi, je les oublierai sans doute, car il n'y a plus d'offenses, après les mots bienveillans que vous venez de m'adresser ; mais pour l'homme à la robe noire, ce soir, l'un de nous deux restera mort, j'en jure par la tombe de ma mère, morte à Saint-Jean d'Acre pendant que la peste et les boulets ravageaient l'armée française.

Paulet rentra, se mit à fumer tranquillement sa pipe, et ne répondit à aucune des interpellations qui lui furent adressées.

Tout-à-coup, on entendit crier : Aux armes! aux armes! voici le colonel.

Les voltigeurs sortirent à la hâte et formèrent leurs rangs; en effet, on aperçut le colonel à peu de distance, arrivant à cheval, entouré de quelques officiers, et d'un chirurgien-major du régiment.

Les deux compagnies se rangèrent en bataille devant le portail de la vieille chapelle. Le colonel salua le capitaine, se plaça à dix pas, en face des soldats. Derrière et à côté de lui, les officiers et le chirurgien,

Le plus profond silence régnait dans les rangs; on devinait que les voltigeurs étaient inquiets sur les paroles que le colonel allait prononcer. Sa figure était soucieuse et sévère; sa présence excitait sur les soldats une impression de crainte indéfinissable.

« Eh bien! dit-il en s'adressant à M. de Rauzan, qu'y a-t-il de nouveau, capitaine? avez-vous rencontré quelques guérillas? a-t-on des nouvelles de Mérino ou de Mina, ces chefs d'assassins, qui ne connaissent de la guerre que le vol, le pillage, les meurtres et les supplices!

— Non, colonel, répondit froidement le capitaine; depuis que cette position a été enlevée de vive force, par mes voltigeurs, qui ont exterminé tous les hommes qui la défendaient, les environs sont parfaitement tranquilles.

— Vous n'avez pas fait de prisonniers?

— Non, colonel, pas de prisonniers.

— A propos, on fait courir d'étranges bruits sur cette vieille chapellle. » Ici, il y eut une espèce de frémissement parmi la troupe; l'attention redoubla. « On dit, capitaine, qu'après avoir si rudement traité les Espagnols, vous avez maintenant affaire à quelqu'un qui ne vous ménage pas? »

Le capitaine porta la main à ses moustaches, fit un mouvement avec son épée, et serra ses lèvres.

Les yeux noirs et vifs du colonel jetaient du feu en regardant les voltigeurs.

« M. de Rauzan, ajouta-t-il en le regardant sévèrement, je n'aime pas ces sortes d'aventures; je vous le dis avec franchise, elles me donnent de l'humeur. »

Un soldat sortit des rangs, porta la main à son schako, et dit :

« Colonel, je demande à être de faction ce soir. » C'était Paulet; son regard était sombre, ses traits décomposés, on voyait que cet homme était prodigieusement animé.

Le colonel, une main appuyée sur le pommeau de la selle, de l'autre, jouant avec son lorgnon, suspendu à une chaine d'or, lui dit : « Comment te nommes-tu?

— Thomas Paulet, voltigeur.

— Paulet! reprit le colonel, en examinant son soldat; mais tu as été sergent? ton habit porte encore les traces des galons; qui t'a privé de ton grade? »

Paulet ne répondit pas. Son visage grimaçait horriblement pour retenir deux grosses larmes qui allaient s'échapper.

« Viens ici, lui dit le colonel avec bonté, viens...plus près encore : voyons, mon ami, pourquoi as-tu quitté tes galons? pourquoi n'es-tu plus sergent?»

Paulet ne répondait pas.

« Allons, je ne comprends pas qu'un des plus braves soldats de mon régiment... Il appuyait la main sur l'épaule du sergent; je connais ton courage, ta soumission à la discipline: tu as l'estime, l'amitié de tes chefs ; alors, pourquoi donc ?

— Colonel, un mot de plus, et je me tue à vos yeux!.. »

Le colonel regarda le soldat en silence. « Je respecte ta douleur, mais je désire qu'à la première rencontre avec les Espagnols, tu reprennes tes galons; tu m'entends, Paulet; à la première rencontre.

Le capitaine Rauzan s'approcha du colonel, et lui présenta Chopin. « Voici, lui dit-il, un factionnaire marqué au front par le prétendu fantôme; jamais il n'a pu parvenir à effacer cette croix. »

Chopin, tête nue, près du colonel à cheval, lui présenta son front; celui-ci posa fortement le doigt dessus, elle disparut sous la pression du pouce, puis revint immédiatement plus belle et plus noire.

« Charles, dit le colonel, en se retournant froidement vers le jeune major, examinez cette croix, et dites avec quelle drogue on l'a tracée sur le front de ce voltigeur? » Le major après l'avoir examinée attentivement, s'écria en riant : « Parbleu, colonel, il n'est pas étonnant qu'elle ne soit pas encore effacée, elle a été tracée avec la pierre infernale.»

Tous les officiers, de rire. Le colonel fit l'allocution suivante :

«Soldats,

» La prise de la chapelle de Saint-Lorenzo, » à nombre égal par des hommes à découvert contre des hommes couverts, est un » des plus beaux faits d'armes de la campagne; recevez-en les témoignages d'estime » de votre colonel; mais, mes amis, il serait » indigne de vous, que l'on répandit le bruit » dans l'armée qu'un homme déguisé en » fantôme eût audacieusement attaqué quelques-uns de vos camarades. Vous l'entendez, c'est avec la pierre infernale, que, » profitant de l'obscurité de la nuit, on a fait

» cette sorte de miracle; le temps en est passé, » l'empereur ne veut plus qu'on en fasse, » ajouta-t-il en se tournant vers les officiers » et souriant. Je reste avec vous, ce soir; je » ne veux pas de factionnaire à la porte; » qu'elle reste largement ouverte, et nous » verrons si l'homme à la croix noire osera » se montrer. Paulet, vous ferez dresser une » table dans le chœur de la chapelle, on met- « tra huit couverts, vous vous placerez près » de moi, vous y placerez aussi ces armes. » Il tira deux pistolets des arçons de sa selle; « Paulet, nous souperons ensemble, ce soir. »

Le sergent ne répondait pas.

« Paulet, reprit le colonel d'une voix forte, vous allez remettre vos galons!

— Demain, colonel, demain. » Le soldat sentait son cœur se briser dans sa poitrine.

« Non, aujourd'hui... puis, parlant plus lentement, si demain tout allait comme je désire, je te nommerais sergent-major de ta compagnie. Tu es un brave, Paulet! le premier, tu as planté un guidon vers le vieux chêne, exposé seul au feu des ennemis. Je t'honore, je t'aime, et demain, je l'espère, tu seras nommé major.

—Colonel, dit le soldat regardant son chef, les yeux pleins de larmes, que vos paroles me font de bien! mon sang, ma vie, que je vous les donnerais de grand cœur! Eh bien, oui, le sergent méritera son grade, et il aura l'honneur de souper avec vous ce soir. »

Le colonel lui prit la main, et la lui serra affectueusement.

A minuit, les deux grandes portes de la chapelle étaient ouvertes, les factionnaires retirés, la table dressée; le colonel, les officiers, le sergent, soupaient joyeusement; les vins circulaient, les propos étaient tournés à la plaisanterie. Les soldats avaient formé deux haies de chaque côté de l'église, les armes chargées, les yeux fixés sur leur chef; ce dernier avait préparé ses pistolets armés, près de lui; impossible d'imaginer un meilleur état de défense. Cependant, le capitaine et Paulet éprouvaient une sorte d'anxiété dont ils n'étaient pas maîtres.

Le colonel se leva, montra sa montre, et s'écria: Minuit un quart! A ces mots, tous ces hommes furent émus; il leur semblait que le fantôme allait apparaître par la grande porte... Personne ne parut.

« Soldats, dit le colonel, en souriant avec dédain, vous le voyez, c'est dans l'ombre que quelques fanatiques ont essayé d'effrayer votre courage; hommes lâches et stupides, qui font la guerre comme les assassins, par surprise; hommes qui n'osaient pas vous regarder en face, et qui vous envoyent des fantômes! Chacun de nous peut se livrer au sommeil, le fantôme a peur! »

Il prit son son verre, et s'écria : « A la santé de l'empereur! »

Vive l'empereur! répétèrent les soldats.

Au moment de ce bruit produit par les soldats, une espèce de fantôme noir se glisse furtivement entre les piliers. Il courait avec la rapidité d'une araignée, qui regagne sa toile, passa derrière le colonel, se jeta sur la table, la renversa avec les flambleaux, et s'écria d'une voix de tonnerre :

« Meurent tes soldats et ton empereur! »

Le colonel sauta sur l'un de ses pistolets, crut tirer sur lui. Trente coups de fusils partirent à la fois, ce fut une horrible scène! chacun croyait voir et sentir le fantôme! on se hâta de rallumer les flambeaux, mais il avait disparu. Paulet, l'infortuné Paulet, était étendu mort aux pieds du colonel; sa précipitation à se jeter sur le fantôme, l'avait placé devant le pistolet, il avait été tué.

L'exaspération du colonel fut à son comble; il jurait comme un damné. L'infâme guerre! l'exécrable guerre! pour un soldat d'Austerlitz et de Wagram, ne pas voir son ennemi face à face, pour le tuer ou se faire tuer. Oh, l'infâme guerre!

On vit entrer un aide-de camp, couvert

de poussière, qui remit au colonel ses dépêches; c'était un ordre de retraite, de partir immédiatement pour Barcelonne, et regagner ensuite la France.

Le colonel leva les yeux au ciel;

« Voilà donc mes adieux à l'Espagne, » dit-il douloureusement!

Il donna l'ordre du départ:

Avant de quitter la chapelle, il fit venir Chopin, et lui dit: « Voltigeur, vous resterez ici avec quatre hommes; demain, quand le jour paraîtra, vous enterrerez le malheureux Paulet au pied du vieux chêne, vous fouillerez ensuite tous les coins, les caveaux de ce lieu; si vous parvenez à découvrir celui qui vous a imprimé cette croix sur le front, je vous nomme sergent; à huit heures, si rien n'est découvert, vous viendrez me rejoindre à Barcelonne. »

Lorsque le jour parut, après avoir déposé Paulet au pied du vieux chêne, Chopin et les quatre voltigeurs fouillèrent dans tous les caveaux de la chapelle; découvrirent les tombes où reposait la dépouille des anciens moines, examinèrent tous les piliers, piquèrent avec la baïonnette les dalles mal jointes, l'intérieur de l'autel, tout-à-coup, un soldat s'écria : le voici!

Une partie d'un pilier, poussée par la baïonnette avait tourné sur elle-même; elle présentait une niche dans laquelle on apercevait un homme d'une haute stature, vêtu de noir : le soldat le toucha avec sa baïonnette, l'homme, la robe noire, ou plutôt le squelette, tombèrent en poussière.

Ce fut tout ce qu'on put découvrir de ce terrible mystère de la chapelle de Saint-Lorenzo.

« Eh! vite, dit un voltigeur, voilà les Espagnols qui apparaissent sur la crète de la montagne, ils sont à la piste, et nous égorgeront à présent qu'ils sont dix contre un. » Les soldats prirent la direction de Barcelonne et rejoignirent leur régiment.

Chopin raconta au colonel l'histoire du squelette de la robe noire, tombé en poussière au premier coup de baïonnette ; « il suffit, dit-il avec mauvaise humeur, je vous nomme sergent. »

Quinze jours après, ces deux mêmes compagnies se trouvèrent à la bataille de Toulouse, et se firent écharper dans une rencontre avec un régiment espagnol; à peine, put-il s'échapper deux ou trois hommes de ce glorieux et sanglant combat. C'est un de ces hommes qui m'a raconté cette extraordinaire aventure, et qui m'a juré (foi de voltigeur) qu'elle était vraie!

L'Artiste,

LE PRINCE BORGHÈSE ET NAPOLÉON.

SCÈNES DE PROVINCE.

L'Artiste,

LE PRINCE BORGHÈSE ET NAPOLÉON.

SCÈNES DE PROVINCE.

Riez de tout, et prenez le temps comme il vient.
(MAXIME D'UN SAGE.)

J'ai fait une singulière rencontre à Pierre. A Pierre? oui, c'est une petite ville de l'arrondissement de Lourhans, dont la physionomie est froide, mais gracieuse, avec son clocher, son magnifique château, son parc entouré de murs, de fossés; ses eaux, ses arbres qui se penchent sur le grand chemin. Le château de Pierre est la résidence d'été du général de Thiars, ex-député de l'opposition ; petite et blanche, la ville de Pierre s'élève au milieu d'une belle vallée, et se pose comme une reine sur son trône, le soleil sur sa tête, quand il se montre à travers les nuages, le Doubs à ses pieds, avec ses eaux bleues et profondes.

Je dînais fort tristement, seul, chez la bonne Mme Hennequin, premier hôtel de l'endroit, sur la place publique, en face du château. Il était sept heures ; précisément à côté de moi, sur une autre table, dînait un personnage qu'à sa figure ouverte, à son regard caressant, à ses manières joviales, je pris tout d'abord pour un des comédiens ambulans qui, la veille, avaient donné une représentation extraordinaire à Seurre. Mon dîner était excellent : un fricandeau piqué, des pommes de terre à la lyonnaise, un bon poulet au ventre doré, mollement étendu sur un lit de cresson, la fraîche salade, tout cela arrosé par une bouteille d'un petit Bourgogne parfait.

Le dîner de l'artiste était exigu. L'omelette aux flancs jaunes, secs et brûlés, le prolétaire fromage de Gruyères, le tout escorté par une demi-bouteille d'un vin blanc, clair comme l'eau de roche, qu'on vend deux sous la bouteille dans le pays. J'avais surpris pour ainsi dire mon artiste en flagrant délit, ouvrant des yeux d'envie sur l'appétissant poulet et sur les pommes de terre à la lyonnaise, comparant son modeste repas à mon dîner de financier. Moi, voyant cela, je fus à lui avec des paroles pleines de cordialité; monsieur, lui dis-je.... Ah! mais il faut que je vous raconte comme il était fait. C'était un homme de soixante ans, aussi frais, aussi rose qu'on peut l'être à cet âge. Des cheveux blancs, un teint couperosé, quelque chose de résigné dans le regard, qui faisait qu'en l'examinant on lui portait de suite intérêt. Il y avait dans sa personne, dans son langage, du Lantara et du vieux soldat, du poète et de l'homme qui a pris tout-à-fait son parti sur sa destinée. Hélas! voilà les caprices du bonheur; avec ses soixante ans, ses vêtemens usés, son omelette brûlée et sa demi-bouteille, cet homme était, j'en suis sûr, cent fois plus heureux que moi, avec mes airs de grand seigneur, ma redingote boutonnée jusqu'au menton, et mon appétissant dîner.

Voyant cette figure ouverte, et cet air bon enfant, je lui dis : « Monsieur, voulez-vous bien me faire l'honneur de partager mon dîner ? — Merci, monsieur, par position, par habitude, je me contente de peu. Ce serait bien de l'honneur pour moi de me placer à votre table, je craindrais de vous déranger.

— Allons placez-vous là, vous avez l'air d'un brave homme, et un brave homme, cela ne dérange jamais. » A ces paroles, vous eussiez vu l'artiste me lancer un regard profond, il fit un soupir, et vint se placer à ma table, son assiette et sa fourchette à la main. Il me remercia avec une intention très-marquée. « C'est bien ! nous n'en sommes pas à nous faire des complimens, tenez ; acceptez cette aile de poulet, et goûtez ce petit Bourgogne.

—Excellent! parfait! » en disant cela, il buvait à petits coups, opinait de la tête et des yeux, comme un homme habitué à déguster les vins: c'est de la côte Chalonnaise, du Givry qu'on vend treize sous à Pierre, et qu'à Paris les restaurateurs font payer 3 fr.; il est fin et délicat.

La conversation s'engagea: «Vous avez vu le château du général, me dit-il? — Oui. — Comment le trouvez-vous? — Franchement, j'aurais préféré du gothique au milieu de ce parc, cela produirait plus d'effet. J'aime les tourelles, les portes en ogives; une façade empreinte de la poussière du moyen-âge. Il y a de la grandeur, un beau développement; le château est bien tourné, bien assis, mais c'est froid, sans poésie, cela n'éveille aucun souvenir, ne parle pas à l'âme. C'est une belle habitation bourgeoise, voilà tout. J'en excepte la chambre du général, élégamment meublée, le cabinet où l'on voit le secrétaire qui a appartenu à Napoléon, la merveilleuse galerie, avec les tapisseries transparentes, formant un immense bosquet ; c'est à peu près tout ce qu'il y a de remarquable au château. — Avez-vous aperçu le général? — Oui, lisant auprès d'une pièce d'eau, à l'ombre d'un magnifique saule pleureur; sa biche favorite s'est enfuie à mon approche. — Je le crois en ce moment de mauvaise humeur, il est sous l'impression d'une défaite qu'il a essuyée aux dernières élections municipales. Voyez-vous, ici, la commune se divise en deux camps, les combattans sont en nombre égal ; les uns vont puiser leurs inspirations politiques chez le général, les autres chez notre digne maire. Le général, qui voudrait à tout prix conserver son influence sur l'administration, n'a pu parvenir à faire nommer son candidat; aucun électeur n'a manqué à l'appel. Deux vieillards septuagénaires, malades, se sont fait porter à la mairie pour voter. Ces deux votes ont assuré au maire le gain de la bataille. Le général se donne beaucoup de mouvement, mais il perd chaque jour son crédit. Ah! monsieur, si vous saviez ce que c'est que ces hommes tamisés par un voisin de quarante ans! Demandez au père Hennequin de vous raconter l'histoire du général, de vous dire toutes les conversions qui ont été faites de droite et de gauche, dans les champs de la politique. A Paris, vous êtes la bouche béante, l'oreille tendue quand vous entendez *le National*, vous faire l'apologie d'un de ses héros, qui n'a d'autre mérite souvent que son opinion, ou vous raconter les palinodies de monsieur Thiers, les souscriptions de monsieur de Broglie, les changemens de front de monsieur Guizot, la grande défection de monsieur Sauzet; venez entendre l'histoire du général, par un voisin qui, depuis quarante ans, est sur un banc de pierre, en face du château; qui chaque jour voit ce qui s'y passe, et a compté tous les drapeaux sous lesquels il a servi. On dit qu'il n'y a pas de héros pour son valet de chambre, ajoutez, ni pour un voisin de quarante ans. Le plus grand homme n'y résisterait pas, les réputations les plus robustes, les gloires les mieux acquises, le patriotisme le plus pur, tout y passerait. »

A mesure que la bouteille de Bourgogne se vidait, la poitrine de l'artiste s'ouvrait; sa figure s'épanouissait, il sentait le besoin d'épancher son âme. J'en fis servir une seconde; à cette apparition, il ne mit plus de bornes à ses confidences.

« Tel que vous me voyez, monsieur, je n'ai pas toujours été un artiste ambulant, courant de village en village pour faire des portraits de paysans, des bannières et des tableaux d'églises; j'étais mieux que cela! mais je ne me plains pas de mon sort. J'ai un caractère heureux, j'aime la liberté, la poésie des champs! si vous saviez comme je suis gai, le matin, quand je pars à pied par une belle journée! comme j'aime cet air pur, cette brise fraîche et parfumée qui vous caresse le visage. J'aime les bois, les prairies, les montagnes; la pipe à la bouche, mon modeste bagage sur l'épaule, je jette un regard dédaigneux sur tous ces beaux châteaux semés dans la campagne, et je me dis : que m'importe ces richesses, ces belles demeures? ne suis-je pas plus heureux là, sur la route, libre, indépendant, chauffé par un doux soleil, que dans un château dont les barrières s'ouvrent à l'ennui, aux émotions politiques, aux craintes du présent, aux terreurs de l'avenir, aux affections trahies, enfin à toutes ces tristes passions qui assiégent la richesse et la grandeur. Vive cette paresse de l'âme, qui va s'asseoir sur le bord d'un chemin, rêve en voyant des montagnes bleues, un ciel bleu, et se laisse aller à de vagues pensées! comme je répète avec bonheur, ces vers du poète, si remplis d'une rêveuse philosophie!

« Sur l'avenir, insensé qui se fie,
« De nos ans passagers le nombre est incertain,
« Hâtons-nous aujourd'hui de jouir de la vie!
« Qui sait si nous serons demain!

« Si je découvre un beau point de vue, je tire mon album, en quelques minutes j'en ai saisi tous les accidens, le plan principal et les contrastes; oh! pour le paysage, j'aurais fait un Poussin, si j'avais commencé ma carrière plus jeune. Mon croquis achevé, je me remets en route et je déjeûne au premier bouchon, l'omelette, la demi-bouteille de vin blanc, du pain à discrétion, tout cela pour vingt-cinq centimes; eh bien! avec ce simple déjeûner, je suis aussi heureux que mes confrères Scheffer, Schenetz et Roqueplan, qui vont déjeûner chez Véfour ou chez Véri. Après cela, quelque désappointement que me garde l'avenir, certes, je ne terminerai pas ma vie d'artiste comme Léopold Robert, et Gros, mon illustre professeur; pas précisément mon professeur, mais j'ai travaillé avec l'un de ses élèves, qui m'a donné quelques leçons, et la manière de faire un portrait à l'huile en deux heures... Au fait, je suis un peu de l'école de Gros, pour le ton des chairs. Pour le dessin, j'ai la manière hardie de Géricault. Pour l'ensemble, la gracieuseté, le romantisme, j'ai un peu le faire de Champmartin; on m'accuse d'avoir de l'exagération, c'est de la nature.

« Eh bien! monsieur, que dites-vous de ce bonheur au rabais, à si bon compte, qui se trouve sur le grand chemin à pied, ou à la table nue d'un bouchon, en présence d'un déjeûner à vingt-cinq centimes ?»

Je vais laisser continuer mon artiste et vous faire grâce de mes interruptions obligées.

« La partie la plus lucrative de ma profession, ce sont les tableaux d'église, et les bannières votées par les fabriques; je suis assez largement payé; je veux vous conter ce qui m'est arrivé il y a quinze jours. Un bon curé de village, un de mes amis, me fit appeler : « Mon cher peintre, me dit-il, j'ai besoin d'un Saint Laurent, pour placer dans le fond de la nef. Je veux un tableau distingué, un bon ton de couleur, qui produise de l'effet; j'ai pensé à vous. — Me voilà tout prêt à faire votre Saint Laurent.—Ah ça! entendons-nous ; la fabrique a voté une certaine somme que je ne peux pas dépasser; combien me demandez-vous pour faire mon Saint? Bien entendu que vous fournirez la toile, je n'entends rien à ces choses-là.—De quelle grandeur ferons-nous ce Saint?—Mais, de grandeur naturelle. — Mon prix est de cent cinquante francs; vous serez satisfait.» Ce n'est pas, mon cher monsieur, que cela m'amuse beaucoup, de faire Saint Laurent; car ce diable de Saint a toujours fait mon désespoir. » Le curé se récria sur le prix, en me disant que la fabrique avait voté quatre-vingt francs, qu'il ajouterait de ses propres deniers, vingt francs, que l'état de ses finances ne lui permettait pas de mettre un sou de plus. Ne pouvant en obtenir davantage, je consentis à faire le tableau pour cent francs. « Un moment, me dit le curé;

comment entendez-vous poser mon Saint? —Mais, tel que la tradition le représente: en face de l'empereur romain, entouré de la foule. A son côté, un bourreau en jaquette rouge; debout, un gril dans une main, la palme du martyre dans l'autre. — Mais, mon ami, vous n'y pensez pas, il faut que saint Laurent soit couché sur le gril; vous savez bien que les saintes écritures expliquent que, ne pouvant pas le rôtir d'un côté, on le tourna de l'autre. Comprenez donc qu'il faut qu'il soit étendu sur le gril, un feu ardent dessous, l'auréole sur la tête, et au loin, dans le ciel, l'ange qui lui montre la palme du martyre.—Comment! monsieur le curé, pour cent francs vous voulez un saint Laurent grillé sur des charbons ardens! et vous voulez encore que je fournisse la toile, le modèle?» Ce n'est pas qu'il me serait fort égal, vous concevez, de faire le saint couché ou debout; mais, je dois vous dire avec franchise, que je n'ai jamais pu imiter le feu; j'ai beau mettre du jaune sur du rouge, du blanc sur du rouge, cela ressemble à une rivière de sang; ce n'est pas du feu: je ne sais pas comment ces diables d'artistes s'y prennent pour l'imiter, pour moi, je n'y réussis pas, c'est mon écueil mon désespoir; voilà pourquoi j'insistais pour représenter le saint le gril dans la main, cela revenait au même. Le bon curé comprit très-bien que pour cent francs, je ne pouvais pas faire des charbons ardens et un ange dans le ciel. Il fut convenu que le tableau serait tel que je lui avais expliqué.

Je me rendis immédiatement à Châlons,

j'achetai une toile; je fus à la caserne demander un modèle au 20e régiment de ligne. Je découvris un beau sapeur qui consentit à m'en servir. En huit jours, mon saint Laurent fut bâclé. Il fallait m'acquitter avec mon modèle!

« Sapeur, lui dis-je, est-ce que vous n'avez pas une particulière qui vous tiendrait au cœur? — Certainement... Est-ce que par hasard, vous diriez aussi la bonne aventure? car, foi de sapeur français, j'en ai une qui me tient furieusement au cœur; il est vrai qu'elle s'est mariée pendant mon absence, mais je la connais, cela n'empêche pas que je l'aime toujours. — Diable! mariée, cela contrarie un peu mon affaire! — Oh! c'est égal; son mari est un bon enfant. — Dites-moi, est ce que vous seriez fâché de lui donner votre frimousse, mais, là, dans un bon style: une copie de la tête de ce saint Laurent? —Je veux bien, monsieur le peintre, dit le soldat.» En deux coups de pinceau je fis la frimousse du sapeur, et nous fûmes quittes. Dans les arts il faut du savoir-faire, de l'industrie.» Autrement on mourrait de faim.

Voici une affaire plus sérieuse; cette fois ce n'était pas un homme aussi simple que le curé, car, je crois que j'aurais fait des cotillons à son saint Laurent, qu'il l'aurait trouvé superbe! Celui-ci était un ancien missionnaire qui avait servi dans les lanciers de la garde, il n'entendait pas du tout la plaisanterie; c'était un homme grand, froid, pâle, gravé de la petite vérole! Après m'avoir fait appeler, il me dit d'un ton sec.—Je voudrais un saint Benoit? » Bon! un saint Benoit?.. je connais tous les Saints du Paradis; je ne sais pourquoi je ne me rappellais plus de celui là! Par état, nous sommes obligés d'étudier la légende; eh bien! mon cher monsieur, je ne connaissais pas plus saint Benoit que le grand turc, le curé me dit: « Vous le ferez tel que la vie des Saints le représente, c'est un don qu'une dame fait à l'église, on vous le paiera cent cinquante francs comptant. » Cent cinquante francs, me dis-je: je vais aller lire la vie des Saints, et je t'en donnerai pour ton argent. J'allais sortir : il m'arrête. « Expliquez-moi, je vous prie, comment vous allez peindre mon Saint? Je vous développerai ensuite mes idées. — Si vous vouliez commencer? — Non, je tiens à savoir si elles seront d'accord avec celles d'un peintre ; dites-moi comment vous me ferez saint-Benoit. » Je savais que mon curé était homme à me remercier si je lui répondais que je ne connaissais pas saint Benoit, je commençai par lui expliquer que je le ferais couché par terre, tout autour des ruisseaux de sang, des cadavres, une auréole flamboyante sur la tête, avec des rayons d'or; ou s'il préférait, je le mettrais à cheval sur un coq, symbole de la vigilance, j'aime beaucoup les coqs, je n'étais pas fâché d'en introduire un sur la scène, j'en ai peint pour des enseignes qui ont fait merveille ; si vous aviez vu quel regard me lança ce curé? J'en tremblais, il fit un soupir! et me répondit : « Monsieur, voici comment je comprends mon saint Benoit.

— Ce vénérable Saint, est né en 480 dans

le duché de Spoletta en Italie, d'une famille riche et illustre. Inspiré par l'amour de Dieu, il la quitta bientôt et se rendit dans un lieu solitaire aux environs de Rome, nommé le Sublano; se séparant tout-à-fait du monde, il s'enfonça dans une grotte horrible, appellée depuis la Sainte-Grotte, il y passa trois ans dans la prière, ne recevant de l'eau et de la lumière que par la fente d'un rocher. L'image d'une dame qu'il avait vue à Rome, se présentait sans cesse à son imagination; elle lui apparaissait toujours plus séduisante; mais en athlète vigoureux, il sut vaincre le péril, se roula sur un lit de ronces, d'orties; son corps déchiré, ses membres sanglans, l'excès de la douleur éteignit les feux de la tentation. C'est dans ce moment, à moitié nu, le corps déchiré par les ronces, les cheveux épars, l'œil sanglant, les mains jointes élevées vers le ciel, que vous devez représenter saint Benoit? — Ah! m'écriai-je! c'est le feu du génie qui vous inspire! je vais vous faire un tableau qui sera, je l'espère un chef-d'œuvre; en effet, je lui en ai fait un, comme vous n'en avez jamais vu? Peut-être bien que vous n'en verrez jamais; il est à droite en entrant dans l'église de la petite commune de D***, dans l'une des chapelles latérales, il est effrayant de vérité; malheureusement il y a des imbéciles de paysans qui le prennent pour un ours, un loup, une bête, que sais-je? cela fait pitié! Ils sont si stupides, il y en a un qui disait de très-bonne foi: C'est une tête de sanglier! une autre, une ruche à miel; et cent balivernes de ce genre là; cela fait bouillonner le sang! Il est vrai que ce n'est pas encore mon chef-d'œuvre; j'ai à Dijon, dans mon atelier, une fuite en Égypte... Je vous prie de croire que je n'ai pas copié du tout Albert Durrer; c'est un magnifique tableau! cependant, voyez l'ignorance des amateurs, j'ai entendu des gens, à propos de ce tableau, me demander à moi l'auteur, si la Sainte-Vierge n'était pas montée sur une chèvre? comme si il était difficile de distinguer un âne d'une chèvre; et mon saint Joseph, malgré sa longue barbe, il disait que sa tête ressemblait à celle d'un bœuf. A vous dire vrai, saint Joseph a de gros yeux fixes; après cela j'ai fait un petit anachronisme, je lui ai posé une casquette sur la tête pour le garantir de la chaleur du jour, et dans ce temps-là, les Juifs ne portaient pas de casquettes.

A part ces faibles défauts, je garantis que c'est un bon tableau.

Entre nous, je ne le dirais pas devant des paysans, je n'ai pas fait de fortes études; mes visages pourtant, ne manquent jamais d'expression, je fais le portrait ressemblant, seulement, je ne soigne pas assez les détails.

J'ai offert au général de lui faire son portrait, il m'a refusé net; il n'est pas amateur des beaux-arts. Les gravures de sa chambre on les voit partout, et pas un tableau dans un château qui a presque l'apparence d'une habitation royale; cela fait pitié.

Pendant mon dernier voyage, j'ai fait le portrait de la femme du sous-préfet de notre arrondissement, n'a-t-elle pas pris la fantaisie de se faire peindre en Armide, le casque en tête, avec des plumes blanches, la baguette à la main, je l'ai parfaitement attrapée; sa pose voluptueuse, son regard, sa noble fierté, quelque chose qui indiquait que l'enfer même ne lui faisait pas peur. Le portrait achevé, madame la sous-préfète a jeté les hauts cris, elle a prétendu qu'elle ferait peur au diable, qu'elle avait l'air de grincer les dents, qu'elle n'en voulait pas; je l'ai appelée devant le juge de paix, protecteur naturel des artistes; croiriez-vous qu'à l'audience il m'a adressé la question la plus insidieuse, la plus perfide; je m'y suis laissé prendre du premier coup; il m'a demandé avec un sang-froid de commissaire-priseur, combien de jours j'avais employé à faire ce portrait? je lui ai répondu que j'en avais mis cinq, il a appelé un garçon charpentier qui faisait partie du public, et lui a demandé combien l'on payait ses journées, le charpentier a répondu 2 fr. 50; mon juge de paix m'a fait compter 12 fr. 50, et le portrait m'est resté; 12 fr. 50, le prix de cinq journées d'un garçon charpentier!...

— Ah! ça, mon cher artiste, lui dis-je, en débouchant une troisième bouteille, qu'il buvait à lui tout seul; vous me disiez tout-à-l'heure, que vous n'aviez pas exercé toute votre vie la noble profession de peintre! quel était donc votre état avant d'entrer dans la carrière des beaux-arts?

—Hélas! monsieur, j'avais une belle position; malheureusement sa majesté l'empereur Napoléon s'est mêlé de mes affaires. C'est à ce grand homme que je dois aujourd'hui ma profession d'artiste ambulant, et l'obligation de faire des tableaux d'église, des portraits, en courant de village en village. Sans lui, je serais aujourd'hui colonel ou général !.. Du moins j'étais du bois dont on les faisait alors.»

Je ne devinais pas quels rapports pouvaient avoir existé entre le peintre de village et l'empereur Napoléon. L'artiste continua.

«Je suis parti comme volontaire dans le 23e régiment de chasseurs à cheval, j'ai servi pendant les guerres glorieuses de la république, et je puis dire que j'en ai vu de dures. Nous avions pour colonel le fameux Saint-Germain, l'un des premiers sabreurs de France, le rival et l'ami de Saint-Georges; l'émule du fameux colonel Fournier. C'était un beau régiment que le 23e! sur huit cents hommes, il comptait six cents maîtres d'armes ; il fut remonté trois ou quatre fois de la tête à la queue, pas une campagne qu'il ne laissât la moitié de ses hommes sur le champ de bataille ; il se trouvait dans la division que le général Dumourier déserta. Avant de passer à l'ennemi il nous avait placés sur un plateau où nous étions exposés à une batterie prussienne qu'on démasqua. Obligés de nous retirer devant l'artillerie qui nous foudroyait, nous n'avions d'autre retraite qu'un long défilé où nous attendaient des tirailleurs prussiens. Cet horrible passage fut jonché de nos morts ; le colonel grinçait des dents comme un sanglier dévoré vivant par des chiens. Enfin, une partie du régiment se fit jour, et regagna la grande route.

Quand le colonel arriva sur la route, il

s'aperçut qu'il avait en tête une division de cavalerie prussienne, formant une masse noire dont il était impossible de mesurer la profondeur. Sur les derrières, les tirailleurs qui accouraient au pas de course. Il fallait se rendre ou faire une trouée. Le colonel Saint-Germain portait toujours un brûle-gueule à la bouche, ne le quittait jamais; il le sortit pour la première fois, se dressa sur ses étriers, la figure pâle, le regard foudroyant: « Nom de Dieu! s'écria-t-il, en regardant les rangs dégarnis de ses chasseurs, il faut passer sur le ventre de ces gredins, la France est là, en avant! » A ces mots, vous eussiez vu son escadron couler sur la grande route, comme un torrent. Le choc fut terrible! le passage fut ouvert, nous traversâmes les Prussiens;

mais sur trois cents hommes, il en resta quatorze, le colonel en tête : j'avais l'honneur de faire partie de ces quatorze braves. Vous dire le nombre de Prussiens que le colonel abattit est impossible. En a-t-il haché! comme disent les soldats, la distribution fut soignée; c'était un héros que cet homme sur un cheval, le sabre à la main; je crois le voir encore avec ses larges moustaches, son épais visage, son arme légère, étincelante, se frayant un passage de sang. Quand la division ennemie fut traversée, nous partîmes au galop pour rejoindre un régiment dont nous apercevions le drapeau flotter au loin. Je me souviens encore que deux pauvres hussards prussiens, rejoignaient leur camp, au trot de leurs chevaux : «Il faut que je fasse mordre la poussière à ces chiens-là, » dit le colonel ; il se lança sur eux, et les étendit sous les pieds de son cheval.

Cette campagne me valut le grade de maréchal-des-logis. Je faisais encore partie de la dernière charge de cavalerie, commandée par Bessières, à la bataille de Marengo. Mon cheval s'étant emporté, je fus houspillé par des cuirassiers autrichiens qui me laissèrent pour mort sur le champ de bataille. Cette fois je me relevai sous-lieutenant dans le 10e de chasseurs; enfin, de grade en grade, j'arrivai à celui de capitaine d'état-major. Ce fut en cette qualité que je passai au service du prince Camille Borghèse, mari de Pauline, sœur de l'empereur. Ce fut à cette époque que ma vie commença à se dramatiser.

Étant en garnison à Paris, j'avais fait la

connaissance d'une très-belle veuve, aux yeux noirs, riche, indépendante; et comme j'étais joli garçon, la veuve s'était éprise pour moi d'un véritable amour. Pauvre femme! si le ciel me l'avait conservée, je ne ferais pas aujourd'hui des portraits à l'huile pour douze francs, en trois séances! Quand je partis pour Milan, je lui promis d'écrire souvent; je ne manquai pas à ma promesse; je lui annonçai nos triomphes, nos succès, nos bals, nos fêtes. Je crois me souvenir qu'à cette époque, le prince revenait du nord, où il avait été chargé par Napoléon d'une mission très-délicate, celle de provoquer les Polonais à s'insurger contre les Russes, leur promettant, de sa part, l'indépendance de leur nation, ce dont Sa Majesté, plus tard, ne s'est pas rappelée;

quoi qu'il en soit, cette mission ayant parfaitement réussi, le prince était très-avant dans les bonnes grâces de son beau-frère.

Mes lettres à ma jolie veuve faisaient une peinture si séduisante de notre séjour en Italie, qu'un beau jour elle prit fantaisie de me joindre à Milan, et je la vis arriver dans une chaise de poste, elle me tomba dessus comme un oiseau du ciel. « Je viens, me dit-elle, passer quelques mois avec toi; je viens essayer du mariage. Je la présentai chez le prince comme ma femme. Ces sortes de présentations étaient sévèrement interdites aux officiers, mais ma veuve avait toujours vécu dans la bonne compagnie, en avait les manières, le langage, son éducation avait été brillante, elle était forte sur le piano : elle fut parfaitement accueillie chez le prince, y fit même sensation dans les soirées; l'on ne parlait à Milan que de la jolie femme du capitaine d'état-major.

Par malheur, le prince s'avisa d'en devenir amoureux, mais n'osa pas déclarer son amour dans ses salons. Il se contenta d'envoyer, par un de ses aides-de-camp, à ma belle maîtresse, les fleurs les plus rares de ses jardins. Je pris d'abord assez bien cette galanterie; mais, un jour, je découvris un billet placé sous la protection d'une énorme rose, qui l'enveloppait mystérieusement de ses feuilles purpurines. Cela me déplut, et je me promis de faire sauter le lendemain l'officier par la fenêtre! En effet, il arriva d'assez bonne heure avec son bouquet; dès qu'il fut entré, même sans l'avertir, je le pris par le fonds de sa culotte, le collet de son habit, je le jetai par la croisée; il tomba, à peu près, comme tomberait une grenouille, les membres écartés; il se meurtrit horriblement le visage. Une heure s'était écoulée que je reçus une invitation de l'aide-de-camp, de me rendre le soir même à un lieu nommé le Stéphana, pour lui rendre raison de l'outrage qu'il avait reçu, je trouvai cela très-juste. Je pris pour témoin un officier de cavalerie, homme plein de sang-froid, de raison; il blâma ma violence, me dit qu'il convenait, dans mes intérêts d'avancement, d'arranger cette affaire. Je compris ses raisons, et lui promis d'avance de consentir à tout ce qu'il exigerait de moi.

Il y avait une heure que nous attendions mon adversaire au rendez-vous, il ne venait pas... lorsque deux coups de feu partirent en même temps; mon témoin entendit une balle siffler à ses oreilles. Nous nous précipitâmes vers l'endroit d'où ils étaient partis; je vis distinctement l'aide-de-camp et son domestique qui s'enfuyaient. Vous comprenez que cette manière d'assassiner les gens excita au plus haut degré ma colère. Je me rendis immédiatement auprès du prince pour lui exprimer mon indignation, lui dire de quel guet-a-pens mon témoin et moi avions failli devenir les victimes. Pendant que je parlais, le prince, dont le caractère était fougueux, violent, donnait les marques de la plus vive impatience, se posait tragiquement; quand j'eus cessé de parler, il me toisa avec mépris... puis il me dit : Sortez; vous êtes un polisson! A ce mot de polisson, je le regardai, à mon tour, avec une assurance qui voulait dire: « Ah! si vous n'étiez pas le frère de l'empereur, je vous ferais voir de quel bois se chauffe un officier français! » Il me comprit, car il fit un mouvement avec sa cravache, et voulut me frapper comme il avait l'habitude de frapper ses valets. Je parai avec mon bras, il crut que je levais la main sur lui, alors il me lança un coup de cravache au visage, en répétant l'expression brutale de polisson! Dans un mouvement de fureur, et pensant qu'il y allait de l'honneur des officiers, je tirai mon épée à moitié.... à ce geste il appela ses gardes, qui s'emparèrent de moi, m'arrachèrent mon épée. Je fus jeté dans un cachot, au secret, pendant vingt jours; ensuite, on m'envoya à Paris, escorté par la gendarmerie. Je passai quatre mois renfermé à Vincennes. Un jour, sans autre forme de procès, sans me traduire devant un conseil de guerre, on ouvrit les portes de ma prison, je fus mis en liberté; seulement, on me prévint que j'avais été rayé des cadres de l'armée, de la main même de l'empereur, et que je n'y rentrerais jamais.

A la restauration, je voulus réclamer mon grade; les notes des bureaux de la guerre m'étaient tellement contraires, qu'il me fut impossible de rentrer au service.

A cette époque, je recueillis une succession de trente mille francs, aussi nette, aussi liquide qu'un billet de la Banque de France! je plaçai cette somme sur les fonds publics. Un jour un de mes amis vint me faire une proposition. « Je possède un terrain sur les bords du canal Saint-Martin, je le vends à une société en commandite, et par actions de trois mille francs; prends dix actions, tu auras, 1° l'intérêt de ton argent à cinq, 2° une part dans les bénéfices, 3° des appointemens de trois mille francs, pour tenir la correspondance, et une place aux bureaux de la compagnie. » Je l'aurais embrassé, tant j'étais reconnaissant de l'intérêt qu'il me témoignait. Je pris les dix actions, une place aux bureaux, où il n'y avait rien à faire.

A la fin de l'année nous n'avions pas vendu un mètre de terrain; on convint de faire une construction pour lui donner de la valeur, je ne sais comment cela se fit? Mais je signai avec plusieurs de mes associés, des billets en paiement de fournitures faites par les entrepreneurs; à la fin d'un mois, il n'y eut plus d'argent dans la caisse pour acquitter ces billets. De suite, protêt, jugement, saisie, déconfiture complète; chacun s'en fût de son côté. J'imaginai qu'en laissant toutes mes plumes dans ce tripotage, c'était tout ce qu'on pouvait exiger de moi; mais un matin, en traversant les boulevards, je rencontrai un monsieur qui me dit : Je suis votre créancier, payez-moi? je le regardai sans émotion! il tira six billets de mille francs chacun, et me les montra; je lui fis remarquer, qu'il y avait trois signatures à côté de la mienne. —Qu'est-ce que cela fait, si vos associés sont des fripons et insolvables; payez, où je vous traiterai de fripon comme eux. J'allais, je crois, le frapper, quand il me dit : Ne vous en avisez pas, je vous fais claquemurer pendant cinq ans à Sainte-Pélagie. Puis, me regardant dédaigneusement! Je ne comprends pas qu'un homme criblé de dettes, qu'on peut traiter de fripon dans la rue, ose porter le ruban de la légion-d'honneur.

Oh! à ces paroles, le rouge me vint au visage, je compris toute l'humiliation de ma position! c'était le plus sanglant outrage qu'on pût me faire! aussi, quand il fût parti, je pris mon ruban, je l'arrachai de ma boutonnière, je me dégradai tout seul; dans un coin de rue, les larmes aux yeux, je le fis disparaître! Je le baisai et le déposai dans mon porte feuille.

Il sortit un petit portefeuille verd, et me montra le ruban rouge.

—L'armée me fermait ses rangs, l'industrie m'avait enlevé mon dernier sou, il me restait les beaux-arts, cette vie de l'intelligence ; je me fis peintre, je quittai Paris, armé du pinceau et de la palette.

Il y a huit ans de cela, Dieu sait tous les portraits, les tableaux que j'ai faits pour m'acquitter avec mon créancier ; j'ai déjà retiré cinq billets, j'espère bientôt retirer le dernier, sur lequel, je dois encore quatre cents francs. Alors, monsieur ; je pourrai me parer de mon ruban avec autant de fierté qu'un maréchal de France, personne n'aura plus le droit de me dire, sur le pavé de Paris : Tu es un fripon !

Mais puisque vous avez eu la bonté de m'écouter, de m'inviter à souper, je veux vous faire faire une bonne acquisition ; monsieur Hennequin, notre hôte ; possède un Téniers, qui, décrassé, vernis, vaudrait à Paris mille francs ; vous l'aurez pour cinquante ; vous le verrez c'est un chef-d'œuvre de naïveté, de naturel. C'est qu'en vérité il y a des trésors enfouis dans la province ; le curé de Curtiat-Dongallon, possède dans son église un tableau du Guide, qui représente un vœu de Louis XIII ; c'est la plus admirable peinture que j'aie vu de ma vie : si monsieur Ingres n'avait pas déjà copié Raphaël, je croirais qu'il a aussi emprunté son Louis XIII à ce tableau ; on achèterait ce chef-d'œuvre pour cent francs, s'il était restauré il vaudrait trente mille francs.

— Quant à moi, j'ai cinq portraits historiques, qui me coûtent dix francs les cinq, ils proviennent d'une vente qui fut faite au château peu de temps après la première révolution; je vous les donnerai au prix coûtant. C'est que j'ai un cœur d'artiste, moi, je ne suis pas intéressé.»

Le lendemain je vis les chef-d'œuvres dont il m'avait parlé; j'avoue que ces choses-là ne se trouvent point à Paris! Il me montra ensuite les quatre portraits historiques, c'était d'abord le maréchal de Villars, monsieur de Pont-Chartrain, Bourbon premier, Duc de Lorraine, et Henri de Bourbon; il y avait un Philippe V, roi d'Espagne, dont j'ai fait cadeau à un peintre du boulevard, pour éponger et laver mes quatre portraits; je lui donnai quinze francs de ces cinq tableaux, il me les roula soigneusement, et je les apportai à Paris.

A midi, je déjeûnai de nouveau avec mon artiste, après le déjeûner il partit à pied pour Bletterand, si gai, si jovial, qu'en vérité j'enviais tout bas ce bonheur à si bon marché. Je lui fis cadeau de douze cigares de la Havane, les larmes lui en vinrent aux yeux. —Monsieur, me dit-il; je demeure à Dijon, si jamais vous passez dans cette ville, demandez le peintre Cuvillier; mais, je ne veux pas partir sans vous donner à mon tour un souvenir du pauvre artiste; et tirant de son bagage un almanach de 1778, qui renferme une foule de secrets très-intéressans, un grand nombre d'anecdotes et de recettes de toute espèce, il me pria de l'accepter. Quant à monsieur Hennequin, il ne voulu jamais consentir à vendre son Teniers.

Arrivé à Paris, je fis éponger, laver mes portraits historiques, je fus les offrir aux marchands qui étalent des tableaux dans les passages, ils les examinèrent d'un air qui me déplut beaucoup, n'en offrant aucun prix, il me disait : Envoyez-les à l'hôtel de la Bourse; l'un d'eux, plus honnête, me conseilla de les envoyer au roi. — Comment, au roi? Oui, le roi est le plus grand amateur de l'Europe, il possède une immense collection de portraits, il vous les achètera.

J'envoyai mes quatre portraits à la direction des beaux-arts; malheureusement mon maréchal de Villars avait la bouche de travers, un œil plus haut que l'autre, et une perruque qui ressemblait à des écailles de poissons. Ah! ce maréchal a singulièrement nui à ma vente; j'ai passé cinq fois à la direction, chaque fois je voyais toujours ce damné de maréchal placé en tête des quatre portraits; l'employé le regardant la tête penchée, la plume à la bouche. « Décidément c'est trop mauvais ; voyez sa bouche, son œil gauche, sa perruque! — Mais, c'est de l'histoire, ce n'est pas ma faute si ce maréchal avait la bouche de travers; je montrais les autres, je les replaçais de manière à ce que mon Henri de Bourbon, qui sérieusement était une belle peinture, fût placé la première. Huit jours après je revenais, le maréchal était revenu en tête. Enfin, le 10 août 1835, je reçus une lettre par laquelle on m'offrait quatre-vingts francs de mes quatre portraits : j'acceptai; quelques jours après, une lettre de Monsieur de Verbois m'autorisa de passer à la caisse de la couronne pour les recevoir ; maintenant ils font partie de la collection du roi. Donc, si vous êtes curieux de voir mon maréchal de Villars, il sera probablement dans la galerie des portraits historiques du musée de Versailles.

Je ne terminerai pas sans vous faire remarquer que le proverbe et les honnêtes gens n'ont pas tort :

Un bienfait n'est jamais perdu.

INDISCRÉTIONS

SUR M. DE LAMARTINE.

Indiscrétions

SUR M. DE LAMARTINE.

On proposait un jour à une femme de beaucoup d'esprit, de lui amener à déjeûner Parny, le chantre d'Éléonore, dont elle avait lu les ouvrages avec le plus vif plaisir ; après le déjeûner, on lui demanda ce qu'elle en pensait : « J'aime mieux mon livre, » répondit-elle.

Je n'ai jamais commencé un volume de

Balzac sans l'achever : cet auteur a cette singulière puissance de me placer sous une sorte de charme qui me préoccupe et m'identifie avec ma lecture; je ne vois rien, je n'entends rien de ce qui se passe autour de moi, j'oublierais volontiers la plus jolie grisette. Je retrouve, avec lui, les mêmes sensations que, tout jeune, j'éprouvais à la lecture de la *Jérusalem Délivrée*, ou de *Roland Furieux*; après cela, madame la duchesse d'Abrantès, dans un article sur l'Abbaye-au-Bois, avait posé Balzac sous une face si brillante! L'enchanteresse l'avait touché de sa baguette de fée, et celui-ci m'était apparu : « avec sa belle « chevelure de jais, son regard charbonné, « son sourire malin et cette sorte de dédain « qui domine dans l'expression de son vi- « sage. » C'était quelque chose de divin que j'entrevoyais dans les nuages, une belle tête au teint pâle, un mince et effilé dandy ! je l'imaginais ainsi. Au dernier bal de l'Opéra, quelqu'un vint me dire brusquement, en me montrant un gros et boursoufflé garçon, souriant à un domino noir qui l'intriguait : Voilà Balzac. A cette apparition, je fus tout-à-fait désenchanté; je m'écriai comme la spirituelle dame : « J'aime mieux mon livre. »

Le lendemain, en traversant la galerie des Panoramas, je reconnus Balzac, en tête de la bande joyeuse des plâtres de Dantan ; c'était bien lui, en charge, mais lui à ne pas s'y méprendre. C'était à en perdre ma dernière illusion.

Cette manière de préface explique, en quelque sorte, la nature des indiscrétions que je vais vous conter sur M. de Lamartine ;

je dis indiscrétions, et ce mot rend mal ma pensée; ce serait celui de confidences qu'il faudrait employer : confidences d'une accorte et vive soubrette qui a fait avec lui le voyage de l'Orient, et avec moi celui de Mâcon à Châlons. Pendant cette courte traversée elle a eu le temps de m'initier à cette vie de tous les jours du grand poète, à ces scènes d'intérieur et ignorées. Elle m'a fait parcourir tout l'itinéraire de l'illustre voyageur, depuis son départ de la ville de Marseille, jusqu'à son retour en France, par la ville de Strasbourg ; cela sans aucune recommandation de mystère ou de silence. Je vais vous traduire textuellement sa conversation, conservant les expressions originales, pour ne pas en altérer le naturel; seulement je supprime des détails trop intimes; à elle permis d'entr'ouvrir les rideaux, et de nous montrer à nu la vie du député-poète et ses tribulations ; moi, je serai plus discret, je ne dirai que ce qu'il est permis de raconter ; ce n'est pas qu'il y ait quelque chose de blessant, dans ces révélations, pour le noble caractère de M. de Lamartine ; mais, voyez-vous, les plus grands génies mêmes ne peuvent échapper à ce terrible axiôme : « Il « n'y a pas de grand homme pour son valet « de chambre. »

A huit heures du matin, la diligence Laffite et Caillard s'arrêta sur le quai de Mâcon ; la portière s'ouvrit, un garçon de l'Hôtel du Sauvage (tenu autrefois par le célèbre M. De Lorme, connu par la plaisante réponse d'un voyageur : (Il est bon là M. Delorme!) nous dit : Messieurs, le déjeûner est servi.

Bonne nouvelle pour des gens qui ont passé une nuit dans l'insomnie et l'absence du repos. Quand la diligence eut mis bas la population qu'elle renfermait, tout en bâillant, secouant la poussière de la nuit, j'examinai quels étaient mes compagnons de voyage.

Je vis descendre du coupé un Arabe, bel homme, jeune encore; son costume était plus arabe qu'ils ne le sont ordinairement; il portait une longue pelisse blanche avec des brandebourgs rouges sur la poitrine, les manches pendantes, la petite veste grecque, le pantalon, la guêtre des Zouaves, et le bonnet avec une longue flamme bleue. Il offrit la main à une jeune femme, arabe aussi, vêtue encore plus étrangement; elle avait le turban, le pantalon, la tunique des odalisques du sérail ; costume tout-à-fait de théâtre. Je suis inquiet comment ils auront pu traverser Paris ; on eût dit qu'ils sortaient l'un et l'autre d'une mosquée du grand Caire, où de la suite du calife de Bagdad.

La figure de la jeune Arabe était belle encore, mais pâle, éteinte, souffrante; il ne lui restait que de très-beaux yeux, protégés par une longue paupière terminée en couronne de fer, beauté qu'on ne trouve que chez les femmes de l'Orient. Elle venait en France pour se guérir d'une maladie de poitrine, y trouver des plaisirs et des distractions à ses longues souffrances.

A peine entré dans la salle à manger, je vis la sémillante soubrette, dont je vous ai déjà parlé, s'approcher de l'Arabe: Eh ! c'est vous, lui dit-elle ; je ne m'attendais pas de vous voir à Mâcon ; vous vous êtes donc décidé à faire le voyage de France? monsieur sera enchanté de vous recevoir, son château est à deux pas, vous avez le temps, je vais vous faire accompagenr ; venez avec moi. Ils sortirent ensemble.

Cette reconnaissance ne laissa pas de nous surprendre, nous autres voyageurs, peu habitués par état à être surpris; nous nous demandâmes avec curiosité, quels pouvaient être ces personnages : aucun de nous ne put résoudre la question.

Le déjeûner terminé, le conducteur vint nous avertir que les chevaux étaient à la voiture, qu'il fallait partir ; je descendis sans me presser, respirant avec bonheur l'air du quai, regardant les belles rives de la Saône; les plaines immenses de la Dombe. Je montais machinalement le marchepied de la diligence, lorsque je vis ma place occupée par l'alerte soubrette; elle le comprit à mon regard et m'offrit avec politesse de me la rendre; je refusai, la priant de la garder : elle en fut reconnaissante; j'avoue que je n'ai pas le courage d'occuper une bonne place dans une diligence, à côté d'une femme mal à son aise..

Nous étions cinq voyageurs dans l'intérieur, compris la femme de chambre; à certains mouvemens nerveux, à l'expression de son regard, je fus convaincu qu'elle éprouvait le besoin qu'on lui adressât quelques questions, ou elle allait éclater, tant elle se sentait disposée à parler; je vins généreusement à son secours, en lui demandant quels étaient les étrangers du coupé.

A dater de ce moment, elle prit la parole; jugeant sans doute à l'intérêt qu'on lui témoignait le plaisir que nous faisait sa conversation; elle s'exprima ainsi, sans pour ainsi dire se reposer.

« Ce jeune homme vêtu en Arabe, qui accompagne cette jeune dame, est un Français chargé, par le gouvernement, de je ne sais quelle mission en Égypte. Il serait difficile d'avoir une connaissance plus exacte, plus parfaite de ces pays, d'en mieux connaître la langue, les mœurs et les usages; grâce à lui, M. de Lamartine a reçu dans plusieurs villes l'accueil le plus généreux, le plus hospitalier, il lui a rendu des services signalés dans son voyage en Orient; je faisais partie du voyage avec madame, M. de Parceval, et des domestiques à la suite. Dans trois jours, monsieur se rend à Paris, pour assister à l'ouverture de la Chambre; je vais devant préparer les appartemens.

» A l'époque du départ pour l'Orient, vous avez dû lire dans les journaux ses adieux à Marseille. Nous nous y embarquâmes sur un bâtiment frêté à ses frais; il avait acheté pour huit mille francs de provisions, à peine ont-elles été entamées; monsieur les a données pour rien quand il a mis pied à terre.

» Notre traversée a été heureuse; monsieur était gai, il causait avec tout le monde; quelquefois le soir, il aimait à être seul. Il se promenait alors silencieusement sur le pont; si la nuit était étoilée, il examinait ce ciel qui lui a envoyé de si belles inspirations. Il faisait ses adieux à la France, qu'il laissait pour les déserts de l'Orient, pour l'Arabie, ce berceau de la civilisation, ce pays, le plus ancien, le plus intéressant du monde, qui a vu Dieu se promener sur ses montagnes, Moïse descendre du mont Sinaï, tenant à la main les lois immortelles qu'il donnait au peuple juif, des anges monter et descendre l'échelle de Jacob, enfin, le berceau de notre Sauveur. Magnifique et riche contrée, resplendissante de lumière, de sciences, tandis que l'Europe n'était encore qu'un vaste désert.

» Rien n'est imposant comme une nuit en mer, pendant une navigation silencieuse où la brise marine souffle dans les cordages; lorsque les vagues viennent se briser sur les flancs du navire. Monsieur ne pouvait pas s'arracher à ces rêveries du soir. Pour moi, j'avoue que j'éprouvai bien du plaisir, lorsqu'un matin j'aperçus au loin les montagnes bleues de la terre, qui semblaient flottantes sur les eaux; lorsque je vis l'île de Malte, ses forts, ses remparts et ces mâts de navire renfermés dans la rade. »

Elle entra dans de grands détails sur le voyage, sur les frais énormes qu'il avait coûté; les ennuis, les vives contrariétés dont ils avaient été assaillis; la grave indisposition de M. de Lamartine, perdu dans un bois, obligé de s'arrêter dans une chaumière de bûcheron, pendant quinze jours, entouré de quarante Arabes, armés de toutes pièces, veillant autour de la chaumière; monsieur ne prenant que de l'eau gommée et des laits d'amandes, faits avec des pastèques; étendu sur un mauvais matelas, dans l'angle d'une chambre noire, humide; madame veillant nuit et jour à ses côtés; lui, se sentant si faible, si malade, qu'il lui disait : « Ma bonne amie, si je meurs, ne me ramène pas en France; qu'on me place au pied d'un arbre dans la forêt. » Plus tard, les quarante Arabes formant son escorte, demandèrent double paie, en raison du temps qu'ils avaient passé à le garder pendant sa maladie.

« L'Arabe qui fait route avec nous ayant appris que monsieur était gravement indisposé, partit avec un jeune médecin français pour se rendre en toute hâte auprès de lui; ils apportèrent tous les médicamens nécessaires pour le guérir, mais monsieur se trouvait déjà mieux, et put continuer sa route à cheval, ainsi que les personnes de sa suite, car il fut impossible d'aller en voiture dans des chemins affreux, arrêtés à chaque pas, par des pierres énormes qui les soulevaient et les empêchaient de marcher.

» Cette grave maladie et la mort de sa fille, voilà les plus tristes épisodes de ce voyage. » Elle ne tarissait pas sur l'éloge de la jeune Arabe qui allait avec nous à Paris. « Ah! si vous saviez comme elle était belle, combien elle a changé; à peine ai-je pu la reconnaître; c'est pour elle que monsieur a composé ces beaux vers à une jeune Arabe, fumant le narguillé dans un jardin d'Alep; vous savez, ces vers?... Attendez que je m'en rappelle.

Qui toi? me demander l'encens de poésie!
Toi, fille d'Orient, née aux vents du désert.
Fleur des jardins d'Alep que Bulbul eût choisie
Pour languir et chanter sur son calice vert.

» Je ne me rappelle pas le reste, mais il y a de la brise des mers, des ogives grillées, des tuyaux de jasmins vêtus d'or effilé ; des songes lointains d'amour, des Arabes errans, des poignards aux feux de diamans, un front rêveur, une âme franche et pure, et le rayon des nuits.

» Impossible d'entendre une poésie plus riche, plus harmonieuse ; on dirait, en écoutant ces vers, qu'on entend une musique mélodieuse, ou que le vent du soir mugit doucement à travers les noirs sapins de la montagne. »

Elle nous parla ensuite de Saint-Jean d'Acre, autrefois Ptolémaïs, où les croisés débarquèrent pour aller à la conquête du Saint-Sépulcre; de Bethléem, la ville Sainte, où Notre Seigneur prit naissance; de la grotte souterraine taillée dans le roc, revêtue aujourd'hui de marbre, de draperie, illuminée par des lampes d'argent suspendues à la voûte; d'un monastère de capucins qui accordent l'hospitalité en payant très-cher; des consuls des diverses nations qui eurent les plus grands égards pour M. de Lamartine.

« On nous a dit, ajouta-t-elle encore, que lord Byron s'était rendu sur les rochers de l'île de Scio, et qu'il était inspiré à la vue des cadavres des malheureux Grecs restés sans sépulture, dévorés par des vautours. Sans doute, ces montagnes agrestes et sauvages, ces plaines sombres et profondes, ces vautours, ces hommes déchirés par leurs serres sanglantes, tout cela était bien fait pour donner d'horribles pensées à une imagination hardie comme celle de ce grand poète; mais la muse de M. de Lamartine ne cherchait pas de si fortes émotions. Il était venu vers cette terre antique, cette patrie du Christ, comme M. de Chateaubriand, pour y puiser de saintes et chrétiennes inspirations, de nobles et sublimes pensées. Il faut avoir de la poésie dans l'imagination, de la religion dans le cœur, pour admirer ces tristes contrées. Pour moi, qui vois assez froidement les choses de ce monde, ce fut un triste voyage; dans tous ces noms brillans et vénérés de Mont-Sinaï, Mont-Carmel, de Bethléem, Nazareth, Jérusalem, je n'ai vu que de tristes villes, de tristes montagnes; et souvent, au milieu de ces horribles figures de Bédouins qui nous servaient d'escorte, j'ai regretté Paris et le château de Saint-Point. Dam! je n'ai pas de génie poétique; pour moi, une ville quand elle est sale et mal bâtie, c'est une triste ville, une montagne dépouillée, aride, c'est une triste montagne; tandis que pour monsieur, si elle porte le nom de Sinaï, Mont-Carmel, de grands souvenirs s'élancent de la terre, Dieu et les grands génies qui l'ont habitée lui apparaissent dans leur majesté, leur puissance, et il en fait dans ses livres de superbes descriptions : quant à moi, je vous assure, je n'y retournerais pas pour toutes les richesses que renferme la Sainte Chapelle.»

Comme épisode, en dehors du voyage, elle nous raconta encore qu'elle avait tenté seule, avec un domestique arabe, la traversée de Constantinople à Jérusalem, pendant que M. de Lamartine attendait de superbes chevaux arabes qu'il avait achetés, et qu'on lui ramena dans un si triste état, qu'il les fit revendre immédiatement à tous prix.

Cette narration fut très-animée et très-intéressante par les dangers inouïs auxquels la pauvre fille avait échappé comme par miracle.

Un peu essoufflée de cette longue course, elle respira un moment pour nous ramener au château de M. de Lamartine, et nous donner quelques détails sur ses habitudes intimes, les occupations de sa journée :

« Le château que monsieur habite en ce moment est ce qu'on appelle le toit paternel; il y a dépensé plus de cent mille écus en constructions, embellissemens, plantations, acquisitions de terres joignant les siennes ;

ce château n'a rien de pittoresque, rien du moyen-âge. Cela ne ressemble en rien à Abbotsford, la demeure de Walter Scott, ou à la vieille abbaye de Newstead, habitation de lord Byron pendant sa jeunesse; à une imagination comme celle de monsieur, il faudrait les montagnes de l'Écosse, si accidentées, que la vue seule en produit des impressions profondes sur les têtes les plus froides, ou bien les montagnes de la Suisse, avec leurs pins déchirés, leurs cimes majestueuses; il est vrai, qu'avec ses riches et brillantes inspirations, semblable au Tasse, il n'a besoin que de gravir le côteau le plus rapproché du château pour découvrir à ses pieds la Jérusalem.

» Les environs du château sont d'une nature simple : impossible de créer le fantastique dans le pays le plus prosaïque de France; avec ses vignes sans arbres, parce que le vigneron n'aime pas l'ombre ; de chétifs buissons pour entourer de vastes enclos; de distance en distance des maisons bourgeoises, bâtimens carrés flanqués de petites maisons de vignerons; puis, quelques châteaux, de rares clochers : dans tout cela rien de grandiose, rien d'antique, point de ruines, ni traces de féodalité. C'est une nature soignée, peignée comme les allées d'un château moderne, ne se prêtant à aucun effet de paysage; c'est un pays simplement productif et voilà tout.

« Lorsque monsieur habite son château, c'est, comme on dit dans le pays, la maison du bon Dieu, tout le monde est admis, bien accueilli à sa table : depuis le plus petit propriétaire, jusqu'au maire de l'endroit, depuis le modeste Bossuet de village, jusqu'au grand vicaire du chapitre de Mâcon, tous imaginent lui faire grand plaisir de venir lui demander de faire une partie de billard ou à causer avec lui. Cela le contrarie à mourir, il n'aime pas causer, il préfère la solitude, être livré à ses pensées. Quand il fait beau, ou le voit sortir avec sa veste ronde, son pantalon de molleton ; absorbé dans ses méditations, il monte à cheval, suivi par deux domestiques; il s'en va par les chemins, donnant son âme aux vents pour la faire bercer, ou rêvant à ses poésies, la cravache pendante à la main, la bride sur le cou de son arabe, se balançant entre ses harmonies poétiques et les souvenirs de son voyage d'Orient. On voit qu'il est heureux de retrouver ses champs, sa riante colline, l'air pur et embaumé de ses prairies; il laisse errer ses pensées sur les rives de la Saône; malheur à qui viendrait alors le troubler dans ses rêveries! heureux qui pourrait recueillir les perles qu'il laisse tomber sur sa route, belles et suaves harmonies, comme on les appelle : mais voyez le caprice de nos idées, monsieur qui frémit de la crainte de rencontrer un voisin qui vienne interrompre ses réflexions, s'arrête devant un homme que nous appelons Pierre l'imbécile, le cantonnier qui casse les pierres sur la grande route; dès qu'il l'aperçoit, il s'écrie : Pierre? celui-ci approche, se met à côté de son cheval, et le suit au pas; ils causent des heures entières : ce n'est pas monsieur qui parle, c'est toujours Pierre; mais, cependant de temps en temps on le voit sourire : il rentre ensuite de bonne humeur pour toute la soirée ; que peut donc lui dire ce Pierre l'imbécile, pour qu'il le préfère à tous ceux qui viennent au château? souvent je l'entends qui dit à madame : — J'ai cru qu'il ne partirait pas ce soir.

« A neuf heures chacun se retire; c'est une consigne, on ne se le fait pas dire. Le matin, personne ne pénètre dans la chambre de monsieur avant onze heures : défense sévère de frapper à la porte ; on renverrait un domestique qui se le permettrait : c'est le temps qu'il consacre au travail, car je le vois rarement s'occuper dans la journée. Après le déjeûner il va se promener, et ne rentre souvent qu'à l'heure du dîner ; le soir, à dix heures, il se retire dans sa chambre, une heure après le départ des visiteurs.

» Au dîner, monsieur parle peu, c'est madame qui fait les honneurs, ou l'un de ses amis; mais quand il soigne sa toilette, arrange ses cheveux, et qu'il veut être aimable, personne ne l'est plus que lui; sa conversation est si attachante, si instructive; son élocution si facile, si brillante, qu'on l'écoute en silence et avec émotion; il parle comme il fait les vers, mais seulement quand il veut être aimable.

» Il a de singulières manies dans ses amitiés, dans ses préférences; comme la plupart des auteurs et des poètes, il ne parle que des plus célèbres; il y en a deux ou trois, dont il prononce quelquefois le nom; on dirait qu'il n'aime que les extrêmes, Pierre l'imbécile ou Béranger, par exemple. Il y a des auteurs qui font des vers pour lui, de beaux ouvrages en prose avec des préfaces; où l'on parle de lui et qu'on lui adresse; il a une chambre exprès pour les placer, c'est ma bibliothèque à moi : lorsqu'il y en a un certain nombre, il m'en fait cadeau, je les vends aux libraires, sans être coupés; c'est une partie de mes gages.

« Aux dernières élections, monsieur s'est un peu popularisé avec les électeurs; il a fait des courses fréquentes à Mâcon, il a été très-flatté d'être nommé député dans son département. Il y a peu de jours, il disait à madame, qu'il soignerait ses discours, pour qu'on ne dise pas de lui, ce que l'on disait de lord Byron : que les hommes de grand génie ne sont pas faits pour la science politique, qui demande une vue froide, réfléchie du monde, que rien n'est prosaïque comme les intérêts sociaux.

« Certains jours il arrive qu'il souffre beaucoup, cela provient de ses nerfs, qui sont très-irritables; alors il est impatient, se fâche pour la plus faible contrariété, s'apaise de même, demande à grands cris son médecin; on l'envoye chercher à la hâte, celui-ci arrive : mais soit l'appréhension du médecin ou l'ennui de raconter ses souffrances, il se trouve guéri comme par enchantement. Quand le docteur arrive, monsieur est parti pour visiter une de ses terres, ou faire une longue promenade à cheval; au retour il ne s'informe même pas si le docteur est venu. Comme disent quelques-uns des beaux messieurs qui viennent au château, c'est une âme souffrante et mutilée. Il se croit poursuivi par la fatalité, il croit à la prédestination ! la perte de sa fille chérie, âgée de onze ans, morte pendant son voyage d'Orient, a eu une funeste influence sur sa santé. C'est ce qui l'a prédisposé à ces rapides changemens d'humeur ; lorsqu'il est absorbé par ces tristes pensées, nous le devinons de suite ; il sort rêveur, morne ; nous disons entre nous : Voilà les papillons noirs de monsieur qui reviennent. Son accès de douleur passé, il redevient ce qu'il devrait être toujours, bon, aimable, le meilleur et le plus généreux des hommes.

« Madame est Anglaise, c'est la fille d'un écuyer du roi Georges, mort il y a quelques années laissant une immense fortune ; elle a reçu la plus brillante éducation, parle plusieurs langues, touche du piano, peint à ravir; elle n'est plus jolie, une trop ardente application à la peinture lui a donné un teint rouge, élevé, tous les efforts de la médecine pour faire passer ces feux n'ont pu réussir.

« C'est en allant voir sa belle-mère malade à Dieppe, qu'arrêté dans un hôtel, on pensa à nommer monsieur député. On en parla d'abord à son beau-frère pour le prier de s'assurer si M. de Lamartine accepterait la députation ; il dit à madame de lui en parler elle-même. Le soir, il était contre la cheminée, se chauffant et tenant un livre à la main ; madame lui dit : Alphonse, voulez-vous être député? Il se retourna fort étonné : Mon Dieu, non, lui dit-il.—Mais si l'on vous nommait, accepteriez-vous?—Laissez-moi donc tranquille, est-ce que cela me convient, à moi? Son beau-frère intervint, lui déclara qu'il aurait un grand nombre de voix, et le sollicita vivement d'accepter; il y consentit, mais à condition qu'il ne ferait aucune visite.

« Quelques jeunes gens de Bergues, républicains, ayant appris qu'il se mettait sur les rangs, coururent la campagne, pour effrayer les électeurs sur les opinions légitimistes de M. de Lamartine, son dévouement pour les prêtres, les couvens, le désir qu'il avait de les rétablir; enfin les contes les plus absurdes sur sa politique et son caractère. Il manqua la députation pour quatre voix. Ce fut à une seconde réunion du collège, pendant son séjour en Orient, qu'il fut nommé; son père le lui écrivit.

« M. de Lamartine a l'habitude d'adresser

tous les discours qu'il prononce à la Chambre, aux électeurs qui l'ont nommé; c'est moi qui les mets sous enveloppes.

« Les journalistes de Paris prétendaient que lord Byron était un ange déchu; que son front portait l'empreinte de la foudre, mais conservait encore des traces de la beauté originelle. M. de Chateaubriand et M. de Lamartine sont deux nouveaux apôtres; ils sont venus au moment où toutes les croyances s'en allaient. Leurs voix éloquentes, leur parole puissante ont arraché la nouvelle génération à cette indifférence religieuse qui menaçait d'envahir la société toute entière. C'est à ces deux génies que nous devons les faibles croyances qui nous restent encore; tandis que lord Byron, impitoyable génie du mal, a fermé le ciel aux hommes et leur a crié : « C'est un vaste désert ! »

En ce moment, nous arrivions à Châlons mes affaires m'obligeaient à m'y arrêter, je dis adieu à mademoiselle A..., et lui demandai comment elle avait pu retenir tous les détails du voyage d'Orient. « J'ai un manuscrit où tous les événemens sont notés jour par jour. — Voulez-vous l'échanger contre un beau schall, ou une robe à votre choix? — Je ne le donnerais pas pour la plus belle chaîne d'or. »

Dans le cours de ce récit, j'ai craint mille fois que ma plume ne fût indiscrète, on le comprend. Je me tais sur une foule de détails d'intérieur, pleins d'attraits sans doute, mais qu'il n'est pas permis de mettre au grand jour. Rien n'est beau, sublime sur la terre, comme le génie. Pourquoi faut-il que la nature, avare de ce précieux don, ne l'accorde jamais sans établir de cruelles compensations! La vie de M. de Lamartine est une souffrance sans relâche; rien ne peut éteindre le feu de ses irritations nerveuses. Il est, pour ainsi dire, obligé d'emmailloter son génie dans de la graine de lin, ou des accidens désastreux compromettraient sa santé. C'est comme un feu qui bouillonne, et dont on ne peut se rendre maître qu'avec de la glace.

« Ah! monsieur, disait la jeune soubrette, si vous saviez ce qu'il en coûte de cataplasmes pour conserver un grand homme; personne n'en voudrait à ce prix.

— La prime est si belle, si éclatante; la couronne de premier poète de France!

— Oui, mais couronne mêlée d'épines... »

Je fus très-heureux de l'avoir rencontrée pendant le trajet de Mâcon à Châlons, je n'eus pas la fatigue de penser. Les deux bras mollement suspendus à la courroie du milieu, j'écoutais son récit. Je voyais défiler devant moi l'Orient, depuis la plage de Saint-Jean-d'Acre et de Jérusalem jusques aux pyramides d'Égypte, les immortelles pyramides! Elle racontait bien peut-être avec un peu trop de rapidité; quelques-unes de ses expressions étaient fleuries, légèrement prétentieuses, elle voulait m'indiquer et répéta même plusieurs fois qu'elle était à bonne école.

Après avoir lu ce récit, peut-être direz-vous comme Malherbe:

«Hélas! les plus belles choses de ce monde ont le pire destin!»

AU REVOIR, ALICE.

HISTOIRE DE L'AUTRE MONDE.

Au revoir, Alice.

HISTOIRE DE L'AUTRE MONDE.

> Séparés par de sombres jours,
> Pour monter où l'on vit toujours,
> Nous entrelacerons nos ailes.
> Là nos heures sont éternelles :
> Quand Dieu nous l'a promis tout bas,
> Crois-tu que je n'écoutais pas.
>
> DESBORDES-VALMORE.

> La vérité n'est pas de ce monde.
>
> ROYER-COLLARD.

Elle avait vingt ans, Alice; elle était pâle et souffrante; une maladie de poitrine la consumait lentement; malgré sa pâleur et ses souffrances, elle était encore belle au milieu de toutes, avec ses beaux cheveux noirs et ses grands yeux, où la vie toute entière s'était réfugiée ; mon Dieu, combien je l'aimais! Son frère, Gustave Fergand, mon meilleur ami, me l'avait promise, mais il fallait attendre que sa santé fût rétablie.

Au retour de l'automne, ses douleurs devinrent plus intenses et plus fréquentes ; sa situation inspirait de vives inquiétudes. Un soir, le vent chassait devant lui les feuilles dont il avait dépouillé le platane ; elle me pria d'ouvrir la croisée, qu'elle avait besoin d'air ; le ciel était nuageux, seulement, à l'horizon, des espaces lumineux laissaient apercevoir des étoiles ; le vent courait dans la vallée et faisait plier les arbres, la campagne était triste, silencieuse : Alice appuyait sur ma poitrine sa tête pâle et fatiguée, sa voix était plus claire, plus sonore ; elle me disait avec un accent qui me pénétrait dans le cœur :

« Mon ami, je le sens, je vais bientôt mourir, mes jours sont comptés ; bientôt, de ta pauvre Alice, il ne te restera plus qu'un souvenir, une tombe et une croix ; tu lui seras fidèle, n'est-ce pas? ton cœur ne pourra pas l'oublier. Va, va, mon ami, un secret pressentiment m'avertit que nous nous reverrons dans un monde meilleur ; les fiançailles sur cette terre, la nuit des noces dans le ciel. Dieu n'a pas seulement donné à l'homme tous les biens de la terre, il importe à sa justice qu'il y ait une autre vie et une récompense pour le malheur ! Jules, nous nous reverrons ! » Elle soupira avec amertume. « Oh! qu'il est cruel, ajouta-t-elle, de quitter ce monde, quand on y possède un ami tel que toi ! de lui dire adieu si jeune, au moment où l'amour nous promettait ses joies, ses délices, ses plus enivrantes caresses ; mon ami, que je suis heureuse auprès de toi ! j'oublie ma vie, j'oublie que bientôt je ne te verrai plus ; le ciel ne m'a donné qu'une âme et un corps brisé par la souffrance ; comme mon âme est heureuse par l'amour, comme elle s'enivre du bonheur de t'aimer ! » Elle me passait la main dans mes cheveux, sur mon front. « Qu'il y a de bonté, d'amour dans ton regard ! Hélas ! qui sait tous les malheurs que l'avenir prépare à cette tête si chère ? Jules, si l'orage grondait trop fort, rappelle-toi, mon ami, que je veillerai sur toi ; je demanderai à Dieu de protéger mes amours, à moi innocente et toute jeune, qui n'ai pas eu le temps de faire le mal, Dieu ne le refusera pas.

Ses paroles étaient si douces, si touchantes, que je tombai à ses genoux; je pris ses mains, je les couvris de baisers : « Oui, oui! disait-elle, accable-moi de ton amour, de tes baisers, de tes caresses; demain, peut-être, il sera trop tard. Vois ces nuages qui traversent, en fuyant, le ciel; mes jours sont plus rapides encore. Oh! mon ami, je rends ma vie à Dieu qui me la demande; mais, si le cercueil peut s'ouvrir, je reviendrai te voir.» Peu de jours après cette triste scène, on la ramena à Paris; elle devint plus faible, plus languissante; enfin, un jour que j'étais auprès de son lit, la mort la surprit au moment où elle me parlait encore; ses yeux étaient fixés sur les miens, elle me regardait!

mais il n'y avait plus de vie derrière ce regard.

Pauvre fille! noble, aimante, dont toutes les joies sur la terre avaient été tristes, parce qu'elle en prévoyait la courte durée, quittant ce monde à l'âge où on l'aime, où l'on ne veut pas mourir; au moment où son front charmant allait se parer de la fleur blanche de la mariée, et du long voile de dentelle; où sa jolie taille devait être renfermée dans la robe de satin blanc, pour ensuite s'incliner sous la bénédiction nuptiale, et le soir recevoir le doux baiser de l'amour! Plus de bouquet de mariée, plus de long voile de dentelle; on déposa une couronne de roses blanches sur le drap blanc qui couvrait sa bière, ce fut sa dernière parure. Quand Alice fut morte, j'eus un horrible désespoir;

je la regardais sur ce lit de mort avec la plus sombre douleur; ma tête s'égarait, morte, je pressais la sienne sur mon sein; je déposais un baiser sur ce front déjà glacé. On vint la chercher; je la suivis à sa dernière demeure; j'entendis le bruit sourd de la pelletée de terre bénite par le prêtre, qu'il jeta sur elle; quand ils furent partis, je me mis à genoux sur la terre qui la renfermait, sur la petite place qu'occupait sa tombe, je lui dis trois fois : « Adieu, adieu, Alice! adieu! je t'aimerai toujours. »

Pendant long-temps, je m'éveillais chaque matin avec l'image d'Alice devant les yeux. La nuit, seul dans ma chambre, j'appelais Alice, Alice! il me semblait entendre une voix qui me répondait : « Je suis là, près de toi! »

Je lui fis élever une tombe, en marbre blanc, surmontée d'une croix : des lettres d'or rappelaient son nom, son âge, ses vertus et mes regrets. J'allais souvent la visiter, je posais sur la croix une couronne de roses blanches, qui la portait penchée comme une jeune fille pâle qui va au bal; je m'éloignais les yeux humides, si j'apercevais quelqu'un, je cachais mon visage, je ne pleurais que pour moi.

Un soir, je revenais du cimetière, l'âme sombre, mécontente, déplorant cette terrible destinée qui fait naître de jeunes filles, nous les fait apparaître belles et ravissantes, puis, vient les arracher brusquement à notre amour; le chemin où je me trouvais était isolé, je m'arrêtai et m'écriai avec désespoir: « Alice, Alice! quand la nuit sera venue, profonde et noire, que tous dormiront, viens à un rendez-vous. Oh ! si tu peux entendre ma prière, si la mort n'a pas brisé tout-à-fait les liens qui nous unissaient, dis en quels lieux je pourrais entendre une dernière fois ta douce voix? je m'y rendrai avec la joie du jeune époux qui va revoir sa fiancée: tu le sais bien, si je suis fidèle à la tombe! si je t'aime! on ne trompe pas les morts. Morte ou vivante, je t'aime, comme le soir où ta tête pâle et souffrante se posait sur mon sein. » J'ajoutais tristement : « Un rendez-vous? Dieu y consentirait-il? une fois la tombe fermée, s'ouvrit-elle jamais? si faibles que soient les clous du cercueil, n'est-il pas fermé pour toujours? Oh! qu'il est bien gardé le secret de la tombe! aucun mortel n'a pu le pénétrer ; est venue la philosophie, elle s'est assise au chevet du lit des mourans; elle s'est accroupie près de cette bouche qui allait rendre le dernier soupir. Le regard fixe, silencieuse, attentive à cette effrayante convulsion, à ce terrible moment qui sépare la vie de la mort, elle a voulu surprendre ce secret; impossible! Socrate en mourant s'est écrié : « Je vais apprendre ce grand peut-être!... deux mille ans s'écoulent!... et Byron, comme Socrate, en est encore à dire : « Je vais apprendre ce grand peut-être!... « Toujours!.. toujours la mort est le secret de Dieu ! »

Quand les premières fleurs que j'avais semées sur sa tombe vinrent à éclore, je sentis que ma douleur était moins vive, moins amère; elle était remplacée par une douce mélancolie, je l'avais trop aimée pour l'oublier, je gardai son souvenir; mais il ne me faisait plus répandre de larmes; il m'arrivait souvent de n'y penser que lorsque le joyau qui renfermait ses cheveux, attaché à mon cou, s'en allait le matin flottant sur ma poitrine. Tous les trois mois j'allais renouveler sa couronne de roses. Le cœur de l'homme est merveilleusement façonné pour l'oubli; un jour je l'oubliai, je m'en souvins le lendemain!... j'en éprouvai de véritables remords, je me rendis au cimetière, et en revenant je disais : Alice, tu me pardonnes? tu le sais bien, mon cœur t'aime toujours. — En vérité, ajoutai-je, les hommes ont raison quand ils disent,

« Les morts vont vîte! »

Si je n'avais pas autant aimé Alice, si je ne m'étais pas attaché de toutes mes forces à son souvenir, je l'aurais oubliée... Quelle pitié! quand on pense que le souvenir d'une injure tient mieux au cœur que celui de l'amour le plus tendre! l'homme est donc né méchant?... Je rentrais tristement chez moi, lorsqu'en traversant le boulevart du Temple, je me sentis saisir brusquement par le bras; je me retournai, j'aperçus un officier en petite tenue du matin, le bonnet de police sur l'oreille, portant d'énormes moustaches; mes yeux s'arrêtèrent sur les siens, je devins pâle!.. je venais de reconnaître mon vieil ami, Gustave Fergand!.. le compagnon de ma jeunesse, mon ancien camarade, le frère d'Alice! je me jetai dans ses bras!

Nous nous embrassâmes avec cette émotion, cette amitié qu'on se trouve dans le cœur, quand on s'aime avec franchise! « Pauvre ami, lui dis-je, ne recevant pas de tes nouvelles, je te croyais mort dans les sables de l'Égypte, ou sur quelque rocher de l'Albanie. — Du tout, répondit Gustave; proscrit sous la restauration et sans ressources, je pris du service dans l'armée d'Ibrahim, j'ai fait la campagne de Grèce, je me suis battu comme un homme qui en voulait à la gloire et à la fortune. Après la campagne, je rentrai à Alexandrie, et pendant trois ans, j'ai appris aux soldats du pacha à se faire tuer comme nos soldats; puis, je demandai ma retraite; sa Hautesse m'a laissé partir; en récompense de mes services, elle m'a gratifié d'une certaine somme, qui aurait pu suffire aux besoins de ma vie; ma mauvaise tête en ordonna autrement. D'Alexandrie je me rendis à Smyrne; j'y fis une connaissance charmante, la quatrième femme d'un pacha que le sultan fit gracieusement étrangler; oubliée dans le séquestre de ses biens et de ses femmes, elle vivait en liberté à Smyrne; je la vis, je l'aimais. C'était une délicieuse créature! elle avait du bleu, du noir, du blanc sur le visage; elle était grasse comme une esclave du sérail. Elle portait de longues boucles d'oreilles pendantes sur le cou, des bracelets en or. Malheureusement pour ma bourse, ma belle aimait avec passion les fêtes, les bals, la toilette, les officiers de la marine française. Pendant plusieurs mois, nous menâmes joyeuse vie; mais un beau jour, je m'aperçus que tout l'argent qui m'était venu par les mains des enfans du prophète, s'en était allé par celles d'une de ses plus belles houris. L'amour fait une triste figure, sans argent, à Smyrne comme à Paris. Espérant rétablir ma fortune, un matin je dis adieu à ma belle, et partis pour Varsovie. La révolution venait d'y éclater, la liberté polonaise avait levé son drapeau et proclamé l'indépendance de la patrie, en courant aux armes. De nouveaux régimens se formaient; je fus admis dans un escadron d'élite; je me battis pour la liberté, avec autant de courage que je m'étais battu pour le despotisme. Mais, hélas! la victoire trahit la liberté, comme en d'autres temps elle avait trahi la gloire. L'aigle de Pétersbourg, étouffa dans ses serres le jeune aiglon polonais, et le nouveau drapeau de la Pologne fut abattu dans des torrens de sang. J'eus le bonheur de m'échapper avec quelques officiers de mon régiment. Nous nous embarquâmes à Trieste, à bord d'un brick qui partait pour Oporto avec une cargaison de soldats pour don Pedro. Je fus reçu avec mon grade au service de l'empereur. Je fis la campagne de Portugal; nous entrâmes à Lisbonne ; on fit une très-belle proclamation dans laquelle on disait que nous étions de braves soldats; on passa une magnifique revue, quelque temps après n'ayant plus besoin de nous, sous prétexte d'insubordination, on nous congédia. Fatigué de ces promenades militaires, et de me battre tantôt au service du despotisme, tantôt à celui de la liberté, je me rappelai la France, ma patrie, ma vieille mère, toi, Jules, mon ami. Mais, c'est assez te parler de ma vie ; et toi, quelle est ta fortune dans le monde, qu'as-tu fait pendant mon absence?

— Je n'ai pas beaucoup à me louer de la fortune, elle m'a tenu long-temps rigueur; cependant mes revenus suffisent au peu de besoin que j'ai su me créer.

— Ah ça! tes rentes permettent-elles de donner à dîner à un ancien ami?

— A trente ans, Gustave, tu retrouveras l'ami de ton enfance tel que tu l'as quitté à vingt; toujours le même; conservant avec bonheur la première amitié de sa vie.—J'en étais bien sûr. Mais dis-moi, as-tu oublié la pauvre Alice, ma sœur? — En ce moment même, je viens de rendre visite à sa tombe; tous les trois mois, je lui porte sa triste couronne, la dépose sur sa croix. Moi, oublier Alice! jamais. — Oh! s'écria Gustave, mon ami, mon frère; que je t'embrasse encore!..

Je t'aimais parce que tu étais l'ami de mon enfance, mon unique ami; combien ton souvenir pour Alice te rend encore plus cher à mon amitié, t'honore à mes yeux! après dix ans d'absence, quand j'airevu mon pays, mon cœur se brisait de joie; ce qu'il éprouve en ce moment estplus doux encore! »

Nous nous rendîmes au Café de Paris ; je commandai un dîner délicat. Nous passâmes deux heures dans un heureux tête-à-tête, nous rappelant les folies de notre jeunesse, nos aventures, nos amours. Au souvenir d'Alice, Gustave dit en levant les yeux au ciel: « Pauvre sœur! en voilà une bonne et digne femme! pas de chagrin possible avec un cœur comme celui-là. Que son âme était belle, angélique, aimante! c'est qu'elle t'aimait plus que moi encore, qui l'avais faite souveraine de mes biens et de ma personne. Hélas ! si je l'avais conservée, la pauvre Alice, je n'aurais pas dépensé dix années de ma vie à me battre pour des Égyptiens ou des Portugais. Elle avait une raison si éclairée, si solide; tandis que moi, je n'avais que de l'imprévoyance. Oh ! quelle pauvre tête j'étais ! quelque chose me dit qu'après cette triste vie je la reverrai, ou Dieu ne serait pas juste de m'avoir fait promener d'un bout du monde à l'autre, pour me faire mourir plus tard, comme une bête, sans revoir Alice, ma sœur bien-aimée !

— Quel est donc ce langage? qu'est-ce que cela veut dire? Toi que j'ai connu un véritable apôtre de l'athéisme, un impie, sans croyance, qui n'avait d'autre religion que l'honneur ! est-ce à Jérusalem ou à Lisbonne que t'est venue cette foi? ou dans les bras de la quatrième femme du pacha étranglé? — Pourquoi donc n'en conviendrais-je pas? oui, j'ai changé. J'ai vu d'immenses contrées, j'ai parcouru de vastes pays ; je le dis avec conviction, ce monde n'est pas livré au hasard, aux mauvaises passions des hommes. Une main secrète s'appesantit sur le crime, et déjà le châtiment l'atteint sur la terre. J'en ai la confiance : la vie a un but, l'âme de l'homme est immortelle, ou il n'existerait ni Dieu ni justice. — En vérité, mon cher Gustave, j'ai peine à croire que c'est toi qui parles ainsi. Toi, vieux troupier de la Pologne et du Portugal ; soldat d'un Ibrahim, qui vas croire à l'immortalité de l'âme, à la punition du crime dans ce monde! mon pauvre ami, si tu avais toutes les richesses des scélérats qui jouissent tranquillement, et en paix avec leur conscience, du fruit de leurs crimes, tu serais plus riche que la Banque d'Angleterre. Quant à ton âme, donne-moi une lancette, et en moins de quelques minutes, je vais te la tirer dans cette bouteille de Champagne, je pourrai te la rendre ou te l'ôter à volonté. Où as-tu donc appris qu'une chose fragile et incomplète comme l'intelligence humaine, était façonnée pour des millions de siècles? J'admets qu'il existe une cause première, un Dieu; mais il a paré la terre de fleurs et de fruits, pour nous réjouir l'odorat et le goût. Il l'a peuplée d'oiseaux pour en charger nos tables, animer les plaines et les bois; il a dit au peuple, sois honnête, laborieux, tu auras de la joie. la vie te sera facile, ce sera ton paradis; si tu ne veux pas travailler, le pain te manquera, tu seras malheureux; si tu voles, tu iras aux bagnes, ce sera ton enfer. Aux riches, il a donné le Chambertin, le Champagne, l'amour, les jolies femmes, ce seraient les heureux de la terre, s'ils savaient être heureux; mais ils se livrent aux plus horribles passions : l'envie, la haine, l'égoïsme, l'ambition; ils se plaignent ensuite, à qui la faute? avec cette profusion de biens dont Dieu les a dotés, en vérité, nous devait-il davantage? et peux-tu croire que l'âme de ces bipèdes humains si bêtes, si ineptes, si absurdes, livrés à tant de vices, est destinée à l'immortalité! est-ce possible?—Jules, prends garde, mon ami, partout où j'ai rencontré des hommes, ils avaient des croyances. Le hasard n'aurait point ainsi arrangé les choses de ce monde. Il y a un Dieu ! ma conscience et mon cœur me le disent, il sera juste envers les hommes. »

Nous parcourûmes, en causant, tous les boulevarts; à neuf heures, nous étions encore à parler avec enthousiasme du bonheur des premières années de la vie, lorsque Gustave s'arrêta : « Je vais me séparer de toi, Jules, ma vieille mère m'attend, la pauvre femme est inquiète; la joie de te revoir m'a fait oublier de la prévenir que je dînais avec un ancien ami : adieu; à demain.

— Et ton adresse; quel quartier habite ta mère?

— Rue Neuve-des-Mathurins, n° 58; ne viens pas, j'irai te rendre le premier ma visite. » Il partit.

Dès que Gustave m'eut quitté, j'appelai un cocher de cabriolet et me fis conduire chez Mme la comtesse de Néris ; c'était son jour de réception. Ma raison n'était pas précisément délogée, elle battait légèrement la campagne; je me sentais dans cette humeur joyeuse que donne le Champagne, et en même temps cette disposition d'esprit querelleuse, même insolente, triste souvenir de jeunesse, quand j'ai le malheur de sortir de mes laborieuses et tranquilles habitudes. Le cercle de Mme de Néris était nombreux; au moment où j'entrai, elle tenait le piano. Elle tourna faiblement la tête de mon côté pour me sourire et me saluer tout en continuant de jouer.

Un jeune homme de trente ans, portant d'assez longues moustaches, la barbe en queue de vache, se tenait à côté d'elle et posait la musique sous les yeux de Mme de Néris; il tournait les feuilles de la partition... Ses cheveux brillaient comme s'ils eussent été parfumés; sa pâleur, sa barbe, la coupe de ses cheveux, en faisaient un véritable portrait du temps de Louis XI. Je ne me rends pas compte de l'effet que me produisent les moustaches sans uniforme, sans décoration Je suis toujours tenté de croire que c'est un sot ou un fat qui va se retrancher derrière. Quand on n'a plus vingt ans, attacher une opinion à cet assemblage de poils qu'on se laisse pousser sur la lèvre supérieure ou à l'extrémité du menton, me paraît ce qu'il y a de plus absurde au monde. Qu'on tienne à conserver de vieilles moustaches qui ont vu le feu des champs de bataille, permis encore; mais ces barbes bleues, barbes noires, barbes rousses, qu'on apporte dans un salon, taillées sur le modèle de la barbe pendante d'un bouc, pour s'en faire une opinion ou pour se rajeunir, à coup sûr, c'est de la vanité ou la prétention d'un sot.

Telles étaient les réflexions que je faisais, enfoncé dans un large fauteuil, en examinant ce petit monsieur qui présentait la partition à Mme de Néris. Sans doute il s'aperçut de mon insolente investigation; car en même temps qu'il lui parlait, il jetait sur moi des regards qui semblaient annoncer l'impatience et la colère.

Le concerto achevé, je fus présenter mes hommages à Mme de Néris; elle me dit que j'arrivais fort à propos pour prendre le thé. En-effet, les portes du salon s'ouvrirent, et les domestiques servirent un thé, des glaces, des rafraîchissemens, force biscuits et pâtisseries.

Nous étions près de la cheminée; quelques jeunes gens causaient finances, jeux de bourse, lorsque quelqu'un passa la tête dans le groupe et nous dit :

« Messieurs, je vous annonce que monsieur S***, rapporteur de la commission chargée d'examiner la loi sur la liberté de la presse, vient de faire son rapport à la Chambre; impossible d'être plus complètement oublieux des principes qu'on a d'abord adopté. C'est une véritable apostasie qu'on ne saurait frapper d'une réprobation trop éclatante; j'en suis fâché pour monsieur S***, cela prostitue et déconsidère son talent.

— Ah! répondit un interlocuteur, qu'on disait être un négociant de Lyon : Si monsieur S*** avait le cœur, le sang et l'énergie de Mirabeau, ce serait un des plus grands orateurs que posséderait la France; malheureusement il n'a qu'une immense mémoire, une brillante facilité d'élocution, l'art de cacher les choses sous les mots, et c'est tout. On dira de lui ce qu'on disait de Racine : il gagnerait la cause de Satan auprès de Dieu; mais, c'est un homme d'inexpérience, qui ne connaît pas le monde, causant trop souvent avec lui-même, trop rarement avec les autres pour l'approfondir; rien d'arrêté dans le cœur; sans convictions politiques; il se fera une fausse religion sans sectaires, vous le verrez, à la Chambre on lui donnera le prix de mémoire, il n'aura pas le prix d'honneur; je veux dire qu'on lui laissera la robe d'avocat, mais vous ne lui verrez jamais le portefeuille de ministre.

—Permettez, dis-je à mon tour, M. S*** est député d'une ville industrielle qui veut de la liberté, mais sans licence; qui se rappelle que si ses pavés ont été ensanglantés, elle le doit aux provocations de la presse; qui sait très-bien qu'une liberté effrénée ne profite qu'à quelques journalistes, et que chaque jour elle met en péril l'industrie, le bonheur, l'avenir de la France! M. S*** représente une ville essentiellement amie de l'ordre; son discours est l'expression des opinions de ses commettans; je n'y vois ni apostasie ni changement de drapeau, mais une opinion candide, consciencieuse, comme il le dit lui-même, qu'on ne doit pas flétrir? »

A peine avais-je prononcé ces mots que je vis le visage pâle de mon jeune homme se poser dans le cercle qui m'entourait, et du milieu de sa barbe, m'adresser ces paroles : « On voit bien que monsieur est du commerce! » J'avoue que je ne m'attendais pas à l'apostrophe, que la disposition d'esprit où je me trouvais me fit, tout d'abord, prendre pour une insolence. Je le regardai froidement : « Vous ne vous trompez pas, monsieur ; en effet, je suis du commerce; mais monsieur est, sans aucun doute, militaire?

— Non, monsieur, je n'ai pas cet honneur-là?

— Pardon, je croyais que vos moustaches étaient militaires; alors, il paraîtrait qu'elles ne sont point obligées, et que ce sont simplement des moustaches civiles, qu'on pourrait couper sans danger.

— Je ne pense pas qu'on voulût en faire l'essai!

— Mais s'il en prenait à quelqu'un la fantaisie?...

— Je me chargerais de la lui faire payer un peu cher! Au reste, je vous préviens que vos paroles m'irritent; que, par égard pour Mme de Néris, je veux bien ne pas faire d'éclat, mais à condition d'en finir.

— Le même motif me retient, monsieur, sans cela vous auriez entendu un autre langage.

— C'est inutile, monsieur, j'aurai l'honneur de vous revoir: voici ma carte.»

Ces paroles furent prononcées de part et d'autre avec beaucoup de calme, un grand sang froid. Oh! mon Dieu! comme on se dit dans le monde les choses les plus indifférentes. Cependant, on les fit circuler dans le salon, et cela jeta un froid de glace sur les causeries de la soirée; à une heure elle fut terminée.

Je franchissais à peine la porte cochère, que le jeune homme s'approcha de moi :

« Je prends pour des injures les paroles que vous m'avez adressées dans le salon de Mme de Néris, et je vous en demande satisfaction?

— Je suis à vos ordres.

— Votre jour?

— Après-demain.

— Votre heure?

— Huit heures.

— Vos armes? quoiqu'offensé, je vous en laisse le choix.

— Le pistolet.

— Où aurai-je l'honneur de vous rencontrer?

— A la barrière du bois de Boulogne. »

Nous nous quittâmes en nous saluant; je rentrai chez moi, réfléchissant qu'une bouteille de vin de Champagne et de maladroites observations sur les moustaches, me valaient un duel dont les suites seraient sans doute très-sérieuses.

Le lendemain, je fus chez Gustave; je lui racontai mon affaire avec M. Leusberg. « Pas possible, me dit Gustave; il faut arranger cela, tu ne te battras pas; ton ami, un vieux soldat ne le souffrira point; j'irai lui chercher querelle.

—A cet égard, Gustave, je t'en prie, laisse aller les choses; ma position dans le monde ne me permet pas de refuser un duel que j'ai moi-même provoqué; le motif, sans doute en est futile, mais les injures ont été publiques, dans un salon où l'on ne pardonnerait pas une lâcheté; ce n'est d'ailleurs ni dans mes principes ni dans mon humeur; je me battrai, et tu seras mon témoin. »

Le lendemain matin, Gustave vint me prendre; il me fit de nouvelles recommandations sur la nécessité de s'effacer, de placer le visage sous l'abri de l'arme; il me recommanda surtout l'habit et le pantalon noirs.

Arrivé au bois de Boulogne, je vis M. de Leusberg et ses deux témoins; le plus grand portait la redingote militaire; on l'appelait Major. Nous nous saluâmes froidement, et nous prîmes la direction de l'endroit le plus isolé du bois.

« C'est assez loin, dit le Major ; voici une position très-convenable. »

Les témoins parlèrent entr'eux; le Major vint à moi :

« Si vous voulez faire des excuses à M. de Leusberg, l'affaire en restera là? »

Quoique préoccupé par un pressentiment dont je ne me rendais pas compte, qui semblait m'avertir que ce duel tournerait contre moi, je répondis au Major, que je me regardais au contraire comme l'offensé, et que si quelqu'un avait à exiger des excuses, c'était moi.

—En ce cas, répondit-il brusquement, il y aura du sang de répandu!»

Mes pressentimens alors revinrent en foule; je me rappelai les derniers adieux d'Alice, ces touchantes paroles: «Je demanderai à Dieu de veiller sur toi! » alors, moi, homme sans croyance, sans religion, j'invoquais tout bas Alice, et lui disais : « Alice! Alice! veille sur moi! »

Les témoins nous placèrent à cinquante pas, s'éloignèrent en nous disant que nous pouvions marcher l'un sur l'autre, jusqu'à la distance de quinze, et faire feu à volonté.

Le Major, les mains derrière le dos, attendait tranquillement les suites du duel; Gustave avait les yeux fixés sur moi, la terreur se peignait sur son visage.

Nous marchâmes l'un contre l'autre en nous visant, nous étions à vingt pas lorsque les deux coups de feu partirent en même temps, je cassai le bras droit à mon adversaire; je me sentis frapper la tête comme si un coup de marteau l'eût abattue. Nous tombâmes tous deux sur le gazon, nos témoins accoururent, on m'emporta mourant dans un fiacre.

Les journaux firent beaucoup de bruit de ce duel; on nous fit mourir tous deux; cependant, M. de Leusberg vit encore, avec le bras parfaitement guéri. Nous nous voyons quelquefois, mais j'ai tout-à-fait renoncé à lui demander si ses moustaches sont civiles ou militaires.

Gustave me déposa sur mon lit, j'étais si faible que je m'évanouissais à chaque instant, je voulais parler, impossible; des flots de sang s'échappaient de ma bouche, mes paupières devenaient lourdes. Le docteur arriva, se plaça en face de moi, son regard était fixe; il rapprochait ses sourcils, écoutait si mon pouls battait encore; regardait Gustave en balançant son pâle et énorme visage; il me saigna à blanc, examina ma tête, la fouilla avec un instrument; je jetai un grand cri, et je l'entendis dire à Gustave : « C'est fini, voici la balle ! » en effet, elle tomba sur le parquet.

Après cette douloureuse opération, il me pansa la tête, partit en recommandant expressément les plus grands soins, et surtout de m'empêcher de parler.

Ma pendule sonnait une heure de la nuit, Gustave était à côté de mon lit, tout-à-coup, je fus en proie à une terreur extraordinaire; je crus voir dans l'angle de ma chambre l'ombre d'Alice m'apparaître !... m'appeler !.. « Gustave ! mon ami, je sens que j'ai froid... la vie m'abandonne.... je vais mourir !... Alice a tenu sa promesse, elle est-là, près de moi!... que ma tombe soit placée près de la sienne... Adieu! Gustave, ta main... mon ami... la mort est-là.... adieu.» Je fis un long soupir, et ma tête tomba immobile sur mon chevet.

Je sentais un bourdonnement dans mon cerveau, quelque chose qui tournait sans cesse, comme l'agitation du vent quand il s'enfuit avec une légère colonne de fumée; c'était mon âme qui abandonnait mon corps, semblable à la chrysalide qui se dépouille de sa coque et s'envole en papillon brillant et léger dans les vastes plaines de l'air. Ainsi mon âme s'élança vers les demeures célestes.

Ce qui avait rêvé pendant que je dormais, ce qui est distinct de la matière, mon esprit, mon intelligence, ce que le magnétisme met à part et sépare pour ainsi dire du corps, mon âme, enfin, se sépara de l'enveloppe mortelle qui gisait sur le lit de douleur; plus légère que l'air, elle montait vers le ciel! A peine avais-je dépassé une certaine élévation, que je vis un ange aux longues ailes d'un blanc azuré, qui vint à moi et me dit avec une voix douce comme la voix des anges!

« Ami, tes souffrances sont terminées, dis un dernier adieu à la terre, je vais te conduire hors de son atmosphère, et puis ensuite te montrer ta nouvelle patrie! — Ma nouvelle patrie? — Oui, la planète que tu vas désormais habiter, en attendant que Dieu t'admette au nombre de ses élus, et que tu deviennes digne du bonheur ineffable de le voir et de l'aimer.

— Dieu ! un autre monde! mais il existe donc un Dieu? l'âme est donc immortelle ?

—Comment! tu as pu douter de l'existence de Dieu ?

— Hélas! j'y croyais, mais bien faiblement; je m'expliquais l'origine du monde, par une intelligence supérieure aux hommes; après cela je pensais que Dieu ne se mêlait plus de notre monde, et qu'après la mort tout était dit, que la tombe se fermait pour toujours.

—Enfant, dit l'ange; croire à l'existence de Dieu, et ne pas croire à sa justice, à sa bonté, est-ce possible? pouvais-tu penser qu'après avoir créé les hommes, il les eûtabandonnés au hasard? ce serait faire de Dieu une nécessité aveugle, capricieuse, qui s'amuserait à créer des mondes pour les anéantir. Regarde au front de l'homme, vois ce regard levé vers le ciel! interroge sa vie de misère et de malheur. Quelle serait sa destinée, si Dieu ne lui accordait pas un meilleur avenir; créer les hommes pour les briser et les anéantir après la mort eût été aussi cruel qu'absurde; ce n'était pas la peine de leur donner une aussi triste vie!... Ami, l'homme sur la terre est soumis à un temps d'épreuve, après sa mort il est destiné à devenir un être plus parfait, pour habiter un monde meilleur.

— Ange! est-ce la destinée de tous?

— Non, Dieu pardonne aux bons leurs fautes et leurs erreurs; l'âme du juste survit à sa mort.

— Eh! que deviennent les méchans, ajoutai-je, avec une sorte d'effroi? — Ah!

les méchans? Écoute, mon fils ; Dieu a créé l'homme libre ; sans liberté il n'y a plus d'homme, plus de Dieu ; il doit donc les punir ; sans punition il n'y a plus de vertu, plus de justice ; rarement, sur la terre, la vertu reçoit sa récompense ; plus l'homme honnête et vertueux avance vers le terme de sa carrière, plus il s'aperçoit qu'il est mal récompensé de l'accomplissement de ses devoirs. On se rit de vous quand on vous dit que le méchant a des remords, ils ne sont pas vrais, ils diminuent et s'éteignent à mesure qu'il vieillit, il faut donc le punir. Ami, pour lui la tombe ne s'ouvre plus, il s'endort dans une nuit éternelle. »

Nous montions toujours, le ciel devenait d'un bleu plus pâle ; il y avait moins d'air, mais le jour avait plus d'éclat ; à mesure que j'approchais du corps céleste que j'allais habiter, je le voyais s'agrandir ; d'un autre côté la terre disparaissait à mes regards ; j'apercevais au loin ses vastes mers, ses énormes montagnes, ses plaines immenses ; mais bientôt tout se mêlait, se confondait, et ne me montrait plus qu'un globe majestueux, se mouvant avec une effroyable rapidité. « Cher ange ! que les cieux sont beaux et merveilleux ! Oh ! ce serait le moment de chanter les paroles du Psalmiste.

« Eh bien ! nie donc ton Dieu, impie ! si tu n'avais pas tendu la main au malheur, si ton cœur ne se fût jamais ouvert à la pitié, si tu n'avais pas été fidèle à la tombe, si enfin, une voix amie n'avait pas prié pour toi ; Dieu, peut-être, t'aurait condamné au néant ; car tu jouais ton immortalité contre de misérables sophismes.

—Pardonne, cher ange ! ce ne fut pas de l'orgueil; je n'étais pas méchant, mais que te dirai-je? j'étais indifférent, chaque fois que je voulais approfondir ces questions, la vérité semblait s'éloigner; le sphynx était devant mes yeux, impossible de le deviner.

—Il fallait écouter ton cœur et ta conscience; ils t'auraient dit comme à Christophe Colomb : la terre est là bas !... Enfant ! qui ne devinait pas que l'immortalité était la récompense de l'âme des justes. Chateaubriand, Lamartine, Lamennais, ne vous ont point trompé. Maintenant, continua l'ange, que les merveilles de l'univers et la simple vérité se montrent à découvert, qu'elles te frappent de respect et d'admiration, comme le serait un aveugle qui, pour la première fois, verrait le soleil, que penses-tu de Dieu?

Ange, je l'aime, j'ai soif de sa présence; le plus beau, le plus pur de tous les amours, c'est l'amour de Dieu; c'est dans cet amour qu'il faut puiser le bonheur. Je fus un être bien fat, bien ridicule, quand je voulais nier son existence; moi, si petit, si perdu dans cette immensité?»

En ce moment, il me montra la nouvelle planète que j'allais habiter; à la vue de ce nouveau monde, un sentiment involontaire de tristesse s'empara de moi... une sorte de terreur vint m'assaillir.... je dis à l'ange : «Je suis triste...je pense à ceux que j'ai laissés sur la terre, à mes amis, à ma famille...

j'ai vu couler leurs larmes... j'ai entendu les derniers sanglots adressés à ma dépouille mortelle.... j'aimerais mieux encore la terre que cette demeure, que le ciel m'a destinée... »

— Tu ne veux donc pas revoir Alice?...

— Alice! ma pauvre Alice, que j'ai tant aimée! je la reverrai, oh! que je baise tes mains... tes genoux! tu ne me trompe pas... je la reverrai?

—Nous autres anges, nous ne mentons jamais.

—Tu parles comme un ange; mais, hélas! jamais Dieu ne m'admettra auprès d'Alice! elle qui fut de ta nature, pure, innocente, angélique! n'ayant jamais fait le mal, tandis que moi, j'ai ma conscience qui me torture en ce moment; si Dieu allait me punir, au lieu de ce bonheur que tu m'annonces, et que j'ai si peu mérité. »

L'ange me regarda avec bonté : « Tu te crois digne de la colère de Dieu!.. eh bien! voyons, qu'as-tu fait pour la mériter?

— J'avais oublié ma prière.

— Oh! c'est mal; la créature doit hommage au créateur.

— Ce fut dans un duel que je perdis la vie.

— Dieu n'aime pas les lâches; il y a du courage de se placer à vingt pas pour se faire tuer.

— J'avais peine à croire à son existence, à l'immortalité de l'âme!

— Tes organes n'étaient point encore assez parfaits pour comprendre ces grandes vérités.

— Hélas! cher ange, j'ai aimé avec passion des femmes; puis, je ne les ai plus aimées; il faut tout dire, je les ai indignement trompées. »

L'ange se mit à sourire : « Sans compter qu'elles te l'ont bien rendu. D'ailleurs, mon ami, Dieu ne se mêle que des amours des anges.

— J'ai eu quelquefois de haineuses pensées dans l'âme.

— Tu étais malheureux, souffrant.

— J'avais peu d'indulgence pour le prochain; mes paroles étaient mordantes, cruelles; il m'est arrivé souvent de faire des blessures vives et profondes à des vanités qui ne méritaient ni ma haine ni ma colère; enfin je ne me rappelais guère les préceptes de mon enfance : « Aimez votre prochain comme vous-même. »

— Dieu punit la calomnie, mais il pardonne la médisance ; sans elle, les vices seraient trop à leur aise dans le monde, c'est votre seule crainte et votre dernière religion.

— Cher ange, un mot encore ; j'ai des remords qui m'inquiètent. Ma situation financière n'était pas fort heureuse, j'ai laissé dans l'autre monde quelques créanciers ; j'ignore comment ils s'y prendront pour se rembourser, sur ma succession, qui sera très-légère ? » L'ange se mit à rire. Il paraît que c'est dans ce monde comme dans l'autre, on s'y moque aussi des créanciers. Il se pencha sur moi, et me dit tout bas : « Entre nous, je crois que Dieu est un peu Saint-

Simonien ; il pencherait volontiers pour la distribution des richesses, selon la capacité, si lui-même pouvait venir à bout d'une telle besogne. Dans sa justice, il a permis qu'il y eût des huissiers, des avoués; le châtiment dépasse la peine ; après cela, la dernière pelletée de terre jetée sur ta bière te servira de quittance.

— Dis-moi, mon ange, on ne les retrouve pas dans l'autre monde, les créanciers?

— Oh! non, rassure-toi ; mais il est temps que je te quitte, adieu ; tu me fais jaser comme un vieil ami. La terre m'attend, j'ai ma mission à remplir. Tu vois cette brillante planète, ces feux étincelans, ces rochers, ces campagnes, ces monumens qui se dessinent au loin, voilà ta nouvelle patrie. Vas, mon fils ; d'autres destinées t'attendent jusqu'à ce que ton âme se purifie par l'amour de Dieu, et que tu puisses être admis plus tard au bonheur de le contempler. C'est alors que tu t'écrieras comme Bossuet :

Dieu seul est grand !

Il dit, m'embrassa tendrement, déploya ses ailes longues, blanches, et descendit dans l'espace, se dirigeant vers la terre. Je le regardais tristement, lorsque je me sentis entraîner par l'attraction de la planète que j'allais habiter. J'y arrivai avec la rapidité de l'imagination qui, de la terre, s'élance dans le ciel. Je tombai sur la lisière d'une immense forêt dont les arbres s'élevaient à une hauteur prodigieuse. Ils étaient revêtus d'un feuillage vert ardent; les branches étaient noires, le gazon d'un jaune pâle; les rochers d'une élévation gigantesque, taillés à pic, ressemblaient à une armée de géans. Ils étaient formés de diamans, d'émeraudes, de rubis, et semblaient placés les uns contre les autres avec une confusion sauvage. La lumière se brisait contre les rochers et les rendait chatoyans, étincelans comme une mer du sud frappée par des rayons du soleil. Les arbres, les arbustes répandaient des parfums plus doux que les fleurs d'orangers dans un enclos de la vieille Castille. Je sentis qu'un sommeil profond s'emparait de mon âme. Je m'endormis sur un banc de mousse, abrité par une voûte d'arbustes.

J'ignore combien de temps je restai sous ce berceau; quand je m'éveillai, mon âme avait revêtu un corps. Je me regardai dans un rocher poli, resplendissant comme un miroir, je me reconnus; c'était moi, mais jeune, embelli de toutes les beautés qu'on aurait pu ajouter à ma personne. Des cheveux bouclés ondoyaient sur mes épaules ; mes yeux brillaient d'un éclat inaccoutumé. Je me sentais plus qu'un homme! J'étais animé par le feu du génie. Moi pour type, mais revêtu des plus belles formes. Ma vie était plus forte, mon intelligence agrandie, mes pensées riantes, heureuses comme au jeune âge, m'exprimant avec une facilité d'élocution qui m'était inconnue. Je me sentais, enfin, un être bien supérieur à ce que j'avais été sur la terre.

Ce qui frappa d'abord mes regards fut cet horrible paysage étincelant des feux du soleil, partout désert, sauvage. Je ne voyais personne, un silence de mort régnait dans cette étrange contrée.

Je suivais, tout pensif, un long sentier qui semblait se perdre dans cette solitude, lorsqu'en tournant brusquement un rocher, je vis se déployer à mes regards un tableau d'une magnificence qui surpassait toutes les merveilles de la terre. Une plaine immense était bordée, de droite et de gauche, par des arbres dont l'élévation se perdait dans le ciel. Le vert du feuillage étincelait des plus belles nuances. Au milieu de cette plaine s'élevait un temple, entouré d'une belle galerie, dont les colonnes étaient d'un marbre semblable au porphyre. Sur le fronton du temple, on découvrait de nombreuses statues, de riches arabesques, des broderies en figures d'animaux sur les bas-reliefs extérieurs; il était beau, radieux comme un temple de la gloire rêvée par la plus belle imagination de poète. Partout, voltigeaient des amours, des anges; de légers et vaporeux nuages d'azur, sur lesquels se balançaient des femmes énivrantes de beauté. On célébrait de tous côtés des fêtes, des danses, des promenades chevaleresques. Un fleuve ressemblant à un large ruban d'argent bordait la forêt, et encadrait ce magnifique tableau.

Cette nouvelle nature, avec ses rochers de diamans, son palais aux mille colonnes, ces arbres élevés dont les branches caressaient le sommet du temple : tout était plein d'animation et de magie.

« Alice ne vient pas au-devant de moi, disais-je, et pourtant j'éprouve les émotions de l'étranger qui descend sur de nouveaux rivages; que faire au milieu de cette foule brillante? la mort n'affranchit pas les hommes de l'orgueil et de la vanité. O Alice, je ne te reverrai donc jamais! »

En ce moment, j'entendis les sons d'une musique ravissante, les accens les plus doux, les plus mélodieux n'étaient pas comparables à cette divine harmonie, elle faisait vibrer toutes les fibres de mon cœur; elle agissait avec tant de violence que je me sentais ému, attendri, disposé aux plus doux sentimens. Je joignis mes mains et les élevai vers le ciel :

« Pardon, mon Dieu! ma première pensée t'appartenait, je te remercie de tes bienfaits, de l'immortalité que tu m'as accordée, à moi, indigne de tes bontés! Dans ces mille pensées qui remplissent mon cœur, il en est une qui les domine toutes, c'est mon amour, ma reconnnaissance pour toi! mais pour accomplir cet immense bienfait, rends-moi Alice! rends-moi cette ombre chérie!...»

La musique cessa, ses sons divins vibraient encore à mon oreille, que j'entendis un bruit léger comme le frôlement d'une gaze agitée; on prononça mon nom, je tressaillis.... et vis Alice!

« Alice! m'écriai-je»...Nous nous regardâmes silencieusement!... nos cœurs bondissaient.... puis, ouvrant en même temps nos bras, nous nous entrelaçâmes, jetant un cri d'amour.

«C'est toi, mon Alice! toi, que je revois; Dieu, ne me trompe pas.... ce n'est point un rêve!... voilà bien ton regard, ton front pur, innocent; je passai ma main sur sa tête virginale, parée de ses longs cheveux; elle avait à son côté le bouquet de fiancée, des gazes diaphanes enveloppaient sa taille; son visage était pâle comme celui de Juliette, quand elle descend les marches de sa tombe. Mais cette pâleur la rendait plus belle, je lui souriais avec amour, et pressais ses mains avec passion.

« A genoux, me dit Alice, à genoux; remercions Dieu du bonheur que j'attendais depuis si long-temps, à genoux. Serrés l'un contre l'autre, ses regards tournés vers le ciel, elle disait, avec ce charme mélancolique qui d'une femme fait un ange :

« Merci, ô mon Dieu! merci! »

Quelle délirante expression d'amour, brillait dans ses célestes regards, je la pris dans mes bras, me baignais dans ses caresses, la pressais sur mon sein! « C'est donc toi que je revois, mon Alice! c'est ton âme, ange, que je vois au fond de tes yeux, ta belle âme! qu'ai-je donc fait pour mériter tant de bonheur! ce bonheur qui circule dans mes veines avec tant de volupté!... Alice! je vaux bien mieux que lorsque j'étais sur la terre, je suis plus aimant, plus tendre, je te presse avec ivresse sur mon cœur; mon amour, mon ange, il y a du miel sur tes lèvres, des parfums dans ta bouche, ton regard est céleste? confondons nos deux âmes pour n'en faire qu'une! dis-moi, Alice, dans ce monde, y a t-il des expressions plus suaves, plus brûlantes pour dire l'amour qu'on a au cœur? apprends-les moi.... dis, Alice, dis?.....—Parle, parle encore, répondait Alice, que j'entende le son de cette voix que j'aimais tant!... la voix de celui avec lequel j'avais rêvé l'immortalité !... Après l'absence, quand on se revoit, l'âme est gonflée de bonheur; mais après la mort, cette mort qui a des secrets si impénétrables pour ceux qui restent, que souvent ils pensent ne plus revoir ceux qu'ils ont aimé !. Ah ! mon ami, les expressions manquent, la parole ne suffit plus, c'est l'âme, la poitrine, le sang qui parlent! Tiens, mets ta main sur mon cœur, comme il est brûlant !.... pauvre ami ! tu as été bien malheureux!... tu as bien souffert.... comme vous êtes méchans sur la terre!... si vous vouliez vous aimer, vous seriez si heureux!... Mais Dieu ne l'a pas voulu, c'est pour les hommes un temps d'épreuves.

Ici, ami, on vit pour l'étude, les sciences,

l'amour et l'amitié; pour rechercher l'omniscience; nous livrons notre esprit aux beaux-arts, notre âme au bonheur d'aimer. Tu entendras des discussions admirables sur la grandeur de Dieu ; sa puissance, l'infini, la création, l'espace, le mouvement ne seront plus des mystères pour toi. Demain, nous parlerons de Gustave, mon excellent et malheureux frère, qui n'a plus d'autre pensée que celle de nous rejoindre; pour aujourd'hui, tout au bonheur de nous revoir. Hélas! mon ami, dans ce monde, comme sur la terre, l'amour est égoïste.»

Elle m'entraîna vers un pavillon, me montra de longues ailes blanches; elle en ajusta deux à ses épaules, et deux aux miennes.

« Nous allons, mon ange, faire une promenade aérienne pendant que le jour nous éclaire encore. Tu vois ce nuage doré par les rayons du soleil, il s'avance, et va nous porter sur ses flancs ; légers, nous pourrons aussi parcourir l'espace, promener nos amours dans les vastes plaines du ciel. »

Nous nous élançâmes sur le nuage ; légèment poussés par les vents, nous nous laissions entraîner. Je tenais Alice dans mes bras, je la dévorais de caresses ; la musique céleste se faisait entendre, ses sons éveillaient tout ce qu'il y avait de plus doux, de plus tendre dans nos cœurs. « Tu ne pourrais jamais, lui disais-je, m'aimer autant que je t'aime ! — Ah ! si la crainte d'un blasphême ne retenait ma bouche, cette immortalité que Dieu m'a donnée, qu'il devait à mon innocence, à mon amour pour lui, dernier présent qu'il fait à la créature, cette vie sans fin, s'il la fallait, Jules, pour conserver la tienne, je la lui rendrais. Tu ne sais donc pas combien ces larmes que tu as données à ma tombe, cet amour pur, vrai, cette religion de la douleur que tu as toujours conservée pour moi, ont rempli mon cœur d'une profonde reconnaissance! S'il était possible, je t'en aimerais davantage. »

Qu'elles étaient heureuses les heures que je passais dans les bras d'Alice, penchés sur le nuage d'azur, écoutant la belle harmonie dont les sons se perdaient dans les airs. Le ciel était doux, l'aspect du paysage plein de grandeur! Balancés par les vents qui poussaient ce nouveau navire dans les airs comme une barque légère sur les flots, poussés par la brise du soir, j'étais enivré des brûlantes caresses d'Alice.

« Ce n'est point ici comme sur la terre, me dit-elle, il n'y a jamais d'orages, la robe du ciel est toujours bleue, les étoiles toujours d'or, la prairie éternellement verte, les nuits d'amour sont ravissantes. Sur la terre, les joies sont ternes, le plaisir laisse après lui lassitude et satiété. Façonnés pour l'immortalité, il n'est point de bornes à nos désirs. Plus de larmes, plus de désespoir ; il n'y a pas de tombeaux sur la cime de la montagne, la mort n'a plus de puissance dans ce céleste sejour. Quand on s'aime, on peut rêver ensemble un amour éternel; ton lit sera ce soir de feuilles de roses, nous reposerons sur la mousse du bois, et demain, le soleil se levera pur et radieux sur nos amours;

nos jours seront tous consacrés au bonheur !

» Mon ami, vois d'ici les sages qui peuplent ce monde. Le premier que tu vois, vidant sa coupe, c'est Anacréon; près de lui, est Homère, il chante toujours les héros de la Grèce, les désastres de Troie, les amours d'Hélène et les malheurs de la famille de Priam. Sur le faîte du palais, cet homme seul, qui examine les astres, c'est Newton, il cherche à surprendre de nouveaux secrets à Dieu. Autour de cette table de marbre, tu vois Euler, Lagrange et Laplace, approfondissant cette sublime science qui élève si haut le génie des hommes, les mathématiques.

» Ce temple magnifique qui orne la vallée, a été élevé par Michel-Ange, Palladio et

Vitruve. Raphaël, l'Albane, Léonard de Vinci, le Perrugin, le Corrège, Salvator-Rosa, David, Girodet, Gros et Léopold-Robert, l'ont décoré d'admirables compositions, plus belles encore que celles que vous avez tant admirées sur la terre. C'est Phidias, Canova, Praxitèle qui ont élevé les statues qui décorent le frontispice ; elles sont plus pures que l'Apollon, la Vénus de Médicis et la Madeleine. Entends-tu Virgile, Horace, Cicéron, César, Auguste raconter leur histoire contemporaine, et la brillante civilisation de ces temps antiques dont la nôtre fut séparée par le moyen-âge. Ces trois sages que tu aperçois sont, Aristote, Socrate et Platon son élève. Vois la foule brillante qui écoute les paroles d'or qui s'échappent de la bouche du divin Platon, celui de ces trois philosophes qui a le plus approché de la vérité. Tu vois plus près de nous Sapho, Simonide, Catulle, Parny qui charment, par leurs chants, ces jeunes âmes si vite envolées de la terre. Désaugiers, par la gaîté de ses couplets, attire une partie de cette foule brillante. Ces trois graves personnages qui se perdent sous les voûtes du palais, sont Euripide, Corneille et Racine, ils composent ensemble une tragédie dont Napoléon est le héros. Cet homme que tu vois sous ce berceau de verdure, la tête inclinée, aspirant à pleine âme le repos de la solitude, ce regard où règne tant de bonhomie, c'est La Fontaine; à ses pieds sont les animaux qu'il a si bien fait parler. Son amour pour eux a survécu à sa vie. Ce triumvirat qui discute avec tant de vivacité sur la durée probable de la terre, c'est Voltaire, Rousseau et le roi de Prusse. Ces chants divins, ces paroles qui montent si légères dans les airs, c'est l'Arioste, récitant le fragment d'un nouveau poëme ! Vois-tu le Dante et le Tasse couronnés de lauriers toujours verts ; près d'eux est Milton, un des plus beaux génies des temps modernes. Demain, je te présenterai à Mme de Staël, elle te fascinera encore par le charme de sa conversation pleine de profondeur et d'éloquence. J'aperçois d'ici Benjamin-Constant, Foy et Manuel, qui viendront te demander des nouvelles de la chambre des députés ; ils sont avec Lafayette, si vite oublié, qu'ils cherchent à consoler.

Tu as déjà reconnu celui-ci, à son dos voûté, ses mains derrière le dos, ses mouvemens brusques, Napoléon, le plus grand capitaine des temps anciens et des temps modernes ; il est près de Byron, Shakespeare et Gœthe, mais il les dédaigne pour causer avec le savant Copernic ; ils s'entretiennent du brillant anneau qui entoure la planète de Saturne. Il te dira ses sanglantes batailles, ses exploits, sa vie, ses projets pour rendre la France grande et heureuse; puis, ses dernières douleurs à Sainte-Hélène ; j'espère, ami, que voilà un brillant aréopage, ce sont les plus grands génies qui ont illustré la terre, tu pourras choisir parmi ces illustrations, des frères et des amis.

La nuit devint profonde, nous rentrâmes dans le pavillon ; je fus m'asseoir sur un banc formé de mousse et de feuilles. Je dis à Alice « Je ne sais ce que j'éprouve! mais je sens des souffrances indéfinissables, ô ma tête, ma pauvre tête ; c'est toujours cette blessure qui me fait souffrir ; mets ta main sur mon front, il est brûlant, je crois que je vais mourir une seconde fois !... Alice, ne me quitte pas !... ma vue se trouble, mon Dieu ! que tu es blanche et pâle !.. c'est à peine si je peux te reconnaître.... je ne vois plus de fleurs de fiancée dans tes cheveux.... c'est une couronne de roses blanches, celle que j'ai posée sur ta croix.... »

Alice, effrayée, me regardait en agitant sa tête autour de la mienne comme un cercle de feu ; ses yeux étincelaient, ses cheveux tombaient épars sur son sein, ses gazes disparaissaient, je ne voyais plus qu'un linceuil, je n'entendais plus que des pleurs.

« Mon Dieu ! rendez-le-moi, mon bien aimé !.. » et puis des pleurs... je ne la vis plus, elle disparut! je jetai un grand cri, j'ouvris de nouveau les yeux...Quelle fut ma surprise, ma terreur! Je me trouvais dans ma chambre les mains jointes, un crucifix sur ma poitrine; à côté de mon lit, une petite table, un cierge allumé, un bénitier et tout l'appareil de la mort. En face, je vis Gustave assis sur une chaise à moitié endormi, je l'appelai, il leva la tête, poussa un cri de surprise et de joie, vint à moi, me regarda... je l'appelai une seconde fois.

«Oh! Jules, silence, je te sauverai, je t'arracherai des bras de la mort.» Il m'ôta ce long drap blanc qui m'enveloppait, fit disparaître le cierge et le bénitier. Je l'entendais qui disait tout bas : «Si j'avais cru cet infernal docteur...Je le savais bien, qu'il vivait encore.

»Frère, me dit-il, voilà deux nuits que je passe près de toi, deux cruelles nuits!» Je lui tendis une main que je pouvais à peine soulever, et fis un effort pour me relever sur mon chevet. Mon regard était celui d'un inspiré, ma voix prit une intonation sonore, solennelle... «Oh! Gustave, si tu savais!..

— Non, non, silence, je ne veux rien savoir.

— Mon ami, j'ai vu Alice... Oui, ta sœur bien-aimée, je l'ai vue là, devant moi, j'ai mis ma main dans ses beaux cheveux, sur son front, plus belle encore que lorsqu'elle était près de toi, son frère, et de moi son amant. Gustave, approche... plus près encore. Je mis ma main sur son épaule, et le regardant avec émotion, je m'écriai avec force : « Il existe un Dieu, juste, bon, qui punit le crime, récompense la vertu; l'âme est immortelle, la vie a un but, c'est un temps d'épreuves, pour ensuite habiter un monde meilleur et devenir des êtres plus parfaits. Mon ami, que Dieu est grand! puissant! nous lui devons tout notre amour; pendant qu'il me reste encore un souffle de vie, je le déclare à toi, aux hommes, à toute la terre, il existe un Dieu! j'abjure mes erreurs, désormais les hommes seront mes frères.

— Jules, je t'en conjure, silence, ou la fièvre va revenir.

— Un mot encore!.. J'ai vu Napoléon, Rousseau, Voltaire, Racine, Michel-Ange, Platon, Raphaël, le général Foy, que tu aimais tant, les plus grands génies qui ont illustré la terre.

— Mon Jules, tu ne veux donc pas entendre ton ami, qui t'en supplie. Du repos, du silence, nous te conserverons à la vie.

— Hé, que m'importe la vie! j'aime bien mieux mon Alice. — Tu n'aimes donc plus ton vieil ami, dont l'âme innocente se reprochait avec tant d'amertume ta mort?» Il m'embrassa; ses yeux étaient pleins de larmes, je les sentais couler sur mon visage. « Oui, je t'aime, Gustave, mais, vois-tu... vois-tu,» je ne pouvais achever, les forces me manquaient... vois-tu, «ta sœur, ses larmes... son désespoir... d'abord, des fleurs! puis une couronne de roses blanches, tu sais... Oh! si je pouvais encore la revoir... Je l'aimais tant! »

Les forces m'abandonnèrent tout-à-fait; je me recueillis et dis tout bas :

« Alice, adieu, au revoir! *Au revoir Alice!* il faut bien me consoler de ne pas mourir! Il me reste un ami. »

FIN.

TABLE.

Pages.

Athrur, ou l'Impression Fatale. . . . . 9.

Promenade Philosophique à l'Église de Fourvières (à Lyon.) 137

La Croix Noire. (Épisode de la Guerre d'Espagne.) 161

L'Artiste, le Prince Borghèse et Napoléon. (Scènes de Province.) 209

Indiscrétions sur M. de Lamartine 261

Au Revoir, Alice. (Histoire de l'autre Moude). . 299

ERRATA.

Page 35, ligne 7, murmures de ma confiance; *lisez :* de ma conscience.

Id. 59, id. 12, échapper à la vie; *lisez :* échapper la vie.

Id. 110, id. 17, l'horrible état; *lisez :* l'horrible récit.

Id. 152, id. 18, Grégoire de Narziance; *lisez :* de Naziance.

Id. 153, id. 6, ceux Notre-Dame; *lisez :* ceux de Notre-Dame.

Id. 177, id. 11, à un petit monticule; *lisez :* sans un petit monticule.

Id. 211, id. 3, arronidssement de Lourhans; *lisez:* Lourans.

Id. 311, id. 6, je la vis, je l'aimais; *lisez* : je l'aimai.

II. 25

Imprimerie de J. Smith,
rue Montmorency, n. 16.

www.ingramcontent.com/pod-product-compliance
Ingram Content Group UK Ltd.
Pitfield, Milton Keynes, MK11 3LW, UK
UKHW022326190726
13856UKWH00001B/234

9 782011 778581